大展好書 好書大展

小動物養育技巧

三上昇／監著　杜秀卿／編譯

大展出版社有限公司

金倉鼠

齧齒目鼠科

大小：約 15 公分

原產地：伊朗、敍利亞

食物：人工飼料、向日葵種子

籠子：小型的籠子

這是最受歡迎的小動物，無論取得或飼養都很容易。繁殖也很簡單，但是有時候會發飆，尤其是體型較大的母鼠會虐待公鼠，甚至將其殺害，最好單獨飼養。（參照 140 頁）

長毛倉鼠

　　全身有毛茸茸的絲狀長毛，這是金倉鼠的改良品種，在飼養、繁殖上和普通倉鼠相似，為了避免長毛受到污染，要勤於清理籠子。

（參照 140 頁）

狗熊倉鼠

　　在金倉鼠之中，顏色種類繁多，其中全身黑色而有白色和黑色的摸樣，白化而有紅色眼睛的品種，一般也稱作鬆倉鼠。

（參照 140 頁）

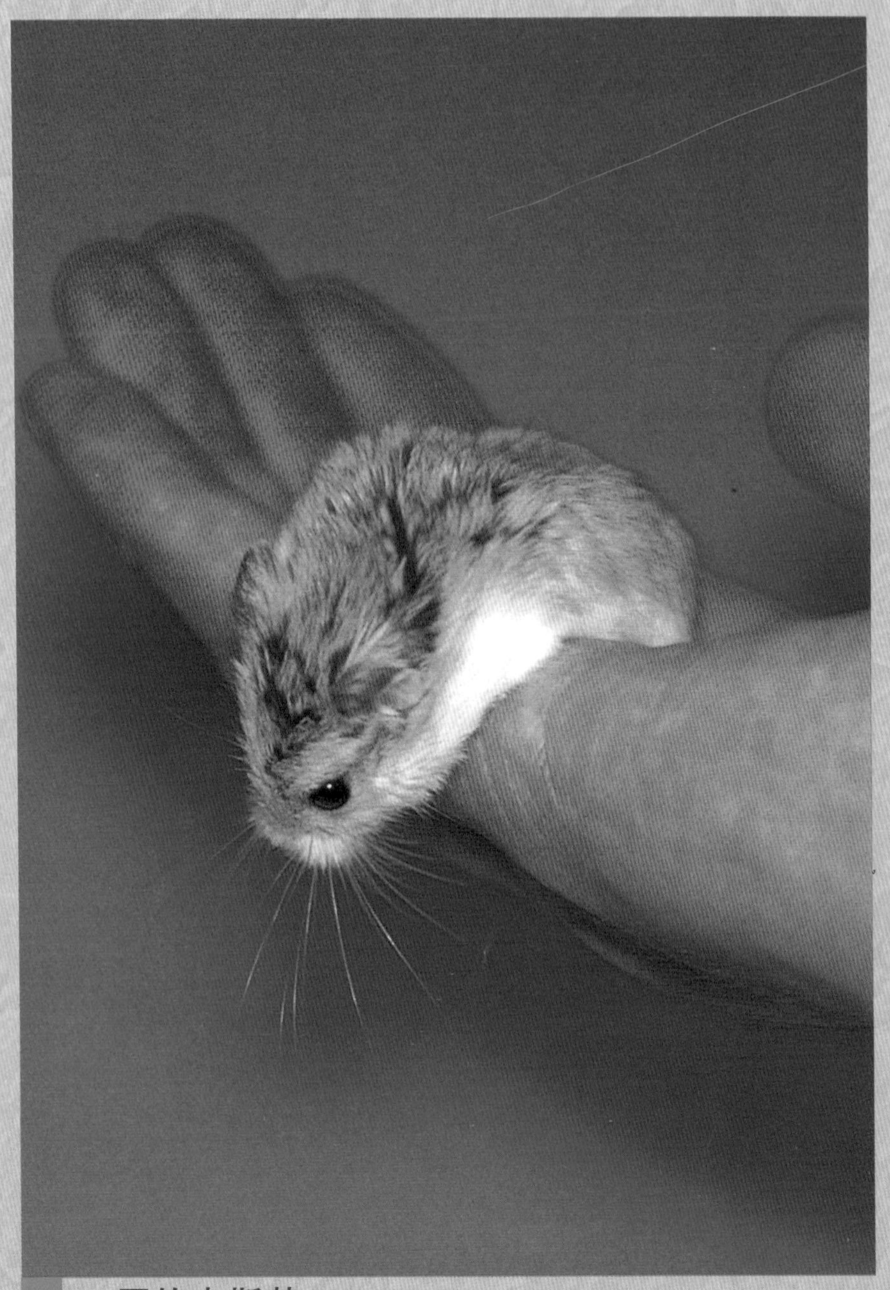

羅伯夫斯基（參照 140 頁）

白　雪

倉　鼠

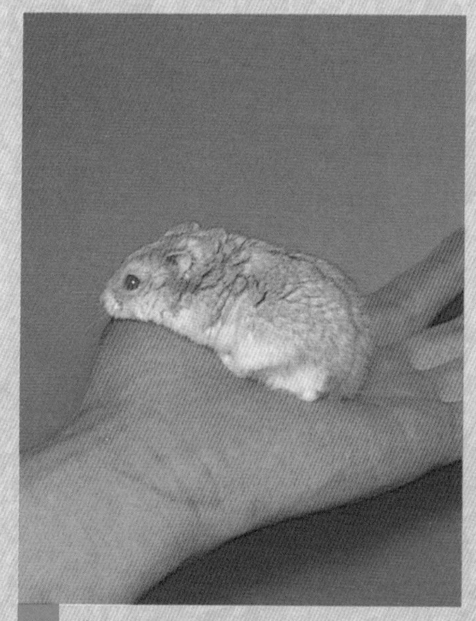
白化坎培利

坎培利雜鼠

通心粉鼷鼠

齧齒目鼠科

大小：約 15 公分

原產地：伊朗、敍利亞

食物：人工飼料、向日葵種子

籠子：小型的籠子

這是最新出現的種類，由於牠的尾巴很像通心粉，因而有此命名。身體的顏色呈亮麗的褐色，臉型很像倉鼠，飼養方法也和倉鼠類似（參照 146 頁）

沙　鼠

囓齒目鼠科

大小：約 12 公分，尾長 10 公分。

原產地：中國北部、蒙古

食物：人工飼料、向日葵種子

籠子：小型的籠子

大小和金倉鼠相似，然個性溫馴，可以成群飼養。（參照 150 頁）

狗熊鼠

囓齒目鼠科

大小：約 7 公分，尾長 8 公分。

原產地：原種不明

食物：人工飼料、向日葵種子

籠子：小型的籠子

這是新改良的品種，比一般老鼠小為其特徵。

天竺鼠

囓齒目天竺鼠科

大小：約 22 公分

原產地：南美

食物：人工飼料、蔬菜

籠子：中型的籠子

在鼠類中體型較大。非常溫馴，容易飼養。（參照 152 頁）

斑紋松鼠

齧齒目松鼠科

大小：約 15 公分，尾長 12 公分

原產地：亞洲東北部、北海道

食物：人工飼料、水果

籠子：中型的籠子

在松鼠中算是小型的，也是最普通常見的種類。一般生活於日本的北海道，引進作為寵物的多半是韓國的朝鮮松鼠。和人很容易親近，甚至可以棲息在手上。（參照 154 頁）

黑松鼠

囓齒目松鼠科

大小：約 30 公分、尾長 20 公分

原產地：歐洲

食物：人工飼料、向日葵種子。

籠子：大型的籠子

比斑紋松鼠要大，必須使用大型的籠子。（參照 157 頁）

鼯　鼠

囓齒目松鼠科

大小：約 15 公分，尾長 12 公分

原產地：亞洲、北美

食物：人工飼料、水果

籠子：中型的籠子

牠是夜行性動物，為松鼠的一種，有大大的眼睛，非常可愛，是很受歡迎的小動物。（參照 159 頁）

大草原之狗

囓齒類松鼠科

大小：約 30 公分

原產地：北美

食物：狗飼料、向日葵種子

籠子：大型的籠子

這是地上性的松鼠類，動作可愛，易和人親近，是很受歡迎的寵物。由於牠的叫聲像狗，故而有此名。飼養容易，但在囓齒類中是較難繁殖的種類。（參照 162 頁）

南美天竺鼠

嚙齒目南美天竺鼠科

大小：約 25 公分，尾長 15 公分。

原產地：智利、玻利維亞

食物：狗飼料、蔬菜

籠子：中型的籠子

以出產高級皮毛而有名，非常可愛。（參照 166 頁）

非洲山鼠

嚙齒目山鼠科

大小：約 10 公分，尾長 8 公分

原產地：非洲

食物：向日葵種子、水果

籠子：中型的籠子

比松鼠還小，整隻圓滾滾的，看起來很可愛。（參照 164 頁）

兔　子

兔子目兔子科

大小：30～45 公分

原產地：原種是歐洲中部以南

食物：人工飼料、蔬菜

籠子：中型的籠子

　　自古以來就為人飼養，非常溫馴。全身白色，眼睛紅色，這是日本的白色種，其他品種還有很多。最近引進矮小種，而且有長長的耳朵，很受歡迎。（參照 168 頁）

長耳種

短毛，耳朵長且垂下為其特徵。本來是被當作食肉用的大型兔子，最近因為那對長耳朵而受到寵物界歡迎，具有矮小種的血統。

安哥拉種

柔軟的長毛為其特徵，被當作毛皮用的品種，本來是大型的種類。為了避免長毛弄髒，籠子要時常保持清潔。

矮小種兔子

兔子目兔子科

大小：20～25 公分

原產地：改良品種

食物：人工飼料、蔬菜

籠子：中型的籠子

又稱作矮小兔，是養在室內的小型種類。本來是荷蘭的矮小種，後經德國改良而成為更小的矮小種兔，非常受寵物界歡迎。（參照 168 頁）

德吾特拉姆兔

這是經過德國有名的品種改良公司改良出來的長耳朵品種。

德吾特拉姆兔

矮小笨種

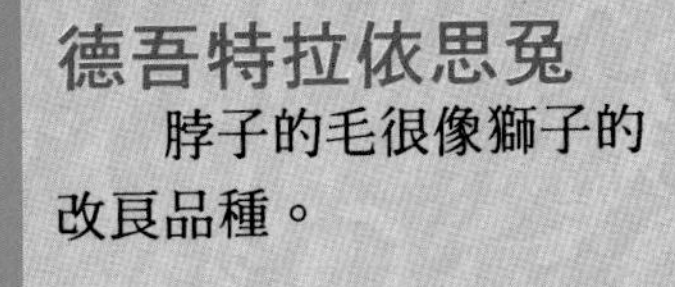

德吾特拉依思兔

脖子的毛很像獅子的改良品種。

松鼠猴

靈長目猿猴科

大小：約 35 公分，尾長 40 公分

原產地：南美北部

食物：人工飼料、水果

籠子：大型的籠子

　　這是南美所產的小型猴子，非常溫馴。除了人工飼料，還可以餵食向日葵種子、水果和昆蟲等。會罹患人類的疾病，很容易感冒，必須注意不要受傳染。（參照171頁）

非洲紅毛猿

靈長目長尾科

大小：約 60 公分，
尾長 50 公分

原產地：非洲中部

食物：人工飼料、水果

籠子：大型的籠子

大型的種類，是受保育動物。（參照 175 頁）

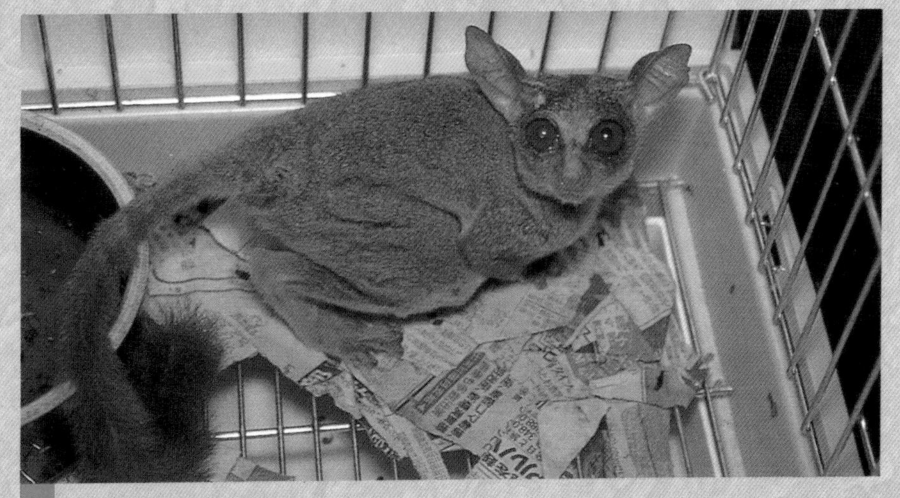

塞內加爾狟

靈長目亞科

大小：約 20 公分，尾長 25 公分

原產地：非洲中部

食物：人工飼料、昆蟲

籠子：中型的籠子

被稱作叢林嬰兒，非常受歡迎，是小型的猴子。（參照 173 頁）

雪　貂

食肉目鼬鼠科

大小：約 40 公分，尾長 20 公分

原產地：歐洲到摩洛哥

食物：人工飼料

籠子：中型的籠子

　　歐洲人習慣飼養鼬鼠。鼬鼠易和人接近，而且動作可愛，很受歡迎。性格上的個別差異很大，有的會咬人，因此要好好訓練。（參照 177 頁）

臭　鼬

食肉目鼬鼠科

大小：約 45 公分，尾長 30 公分

原產地：北美

食物：人工飼料

籠子：大型的籠子

會放出有名的毒氣，一般被當作寵物引進的都已摘除體內的臭腺，可以安心。（參照 181 頁）

麝香貓

食肉目麝香貓科

大小：約 45 公分，尾長 40 公分

原產地：非洲

食物：人工飼料、水果

籠子：大型的籠子

由於牠體內的麝香可以當作香水的原料，因而有名。不過脾氣比較暴躁。（參照 183 頁）

浣　熊

食肉目浣熊科

大小：約 50 公分，尾長約 30 公分

原產地：北美

食物：狗飼料

籠子：大型的籠子

　　由於牠的外型可愛，而且常在電視節目中出現，因而很受人歡迎，但牠是受保育動物，飼養時必須選用符合條例的籠子。（參照 184 頁）

刺　蝟

食蟲目刺蝟科

大小：約 25 公分，
尾長 3 公分

原產地：歐洲到亞洲

食物：人工飼料

籠子：小型的籠子

非常溫馴，容易飼養，屬於夜行性動物，白天一直在睡覺。（參照 187 頁）

果　蝠

翼手目大蝙蝠科

大小：身長約 15～20 公分

原產地：非洲中部

食物：水果

籠子：大型的籠子

這是吃水果的大型蝙蝠。照片中的是埃及的種類。（參照 189頁）

文　鳥

雀目楓鳥科

大小：約 15 公分

原產地：印度尼西亞半島

食物：調配飼料、菜葉

籠子：小型的籠子

　　這是最普通的鳥類，飼養、繁殖都很容易，目前因阿蘇兒受到歡迎而逐漸沒落。有白文鳥、櫻文鳥等各種種類。（參照 192 頁）

金絲雀

雀目馬德里科

大小：約 20 公分

原產地：大西洋加納里亞諸島

食物：調配飼料

籠子：中型的籠子

品種很多，依品種不同，聲音和外形也不同。（參照 195 頁）

九官鳥

雀目烏鴉科

大小：約 30 公分

原產地：東南亞

食物：人工飼料、水果

籠子：中型的籠子

自古以來就受到人們喜歡，很會學舌。一歲以後就無法再學語言，必須要留意。（參照 197 頁）

阿蘇兒

鸚鵡目鸚鵡科

大小：約 25 公分

原產地：歐洲

食物：調配飼料、菜葉

籠子：小型的籠子

不只是在鸚哥中，也是在所有鳥類中經常可見的種類。由於牠的羽毛顏色豐富，種類也很多，一般以背部呈綠色和有斑紋的比較接近原種，至於改良品種則不勝枚舉。（參照 199 頁）

牡丹鸚哥

鸚鵡目鸚鵡科

大小：約 20 公分

原產地：非洲

食物：植物性食物

籠子：中型的籠子

除了阿蘇兒，這是第二受歡迎的中型鸚哥。（參照 201 頁）

全櫻桃牡丹鸚哥

小櫻花鸚哥

赤剛果鸚哥

鸚鵡目鸚鵡科

大小：約 50 公分

原產地：南美

食物：植物性

籠子：大型的籠子、有橫木

大型的鸚鵡或鸚哥幾乎都受到華盛頓公約的保護，比小型鸚哥更難取得。（參照 203 頁）

鵪　鶉

雉目雉科

大小：約 20 公分

原產地：北非到亞洲

食物：調配飼料

籠子：中型的籠子

是非常便宜而且容易取得的鳥類。和其他鳥類不同的是，牠具有會生蛋的吸引力。（參照 206 頁）

小金眼貓頭鷹

貓頭鷹目貓頭鷹科

大小：約 20 公分

原產地：北非

食物：小老鼠

籠子：中型的籠子

這是小型的貓頭鷹，屬肉食性動物，飼養起來並不會很困難。（參照 208 頁）

日本金蛇

蜥蜴亞目金蛇科

大小：約 20 公分

原產地：日本

食物：昆蟲

籠子：小型水槽、塑膠容器

一般是褐色，長大以後通體呈黃色，尾巴很長，所以身材看起來相當修長，雖然名字中有蛇字，卻是蜥蜴的種類。屬於小型的蜥蜴，所以常吃穀類的蟲。（參照212頁）

日本壁虎

蜥蜴亞目壁虎科

大小：約 13 公分

原產地：日本

食物：昆蟲

籠子：小型水槽、塑膠容器

壁虎是夜行性動物，幾乎不需要紫外線，外型小，是很容易飼養的寵物。（參照 212 頁）

爬樹蜥蜴

蜥蜴亞目大蜥蜴科

大小：約 20 公分

原產地：琉球群島

食物：昆蟲

籠子：中型水槽、自製籠子

棲息於琉球群島，是日本所產的蜥蜴中非常特別的種類。（參照 212 頁）

水　龍

蜥蜴亞目大蜥蜴科

大小：約 60公分

原產地：東南亞

食物：人工飼料、老鼠

籠子：大型水槽、自製籠子

和綠鬣蜥蜴長得很像，牠是完全肉食的動物。大都棲息於水邊，但是不需要有水池設備。（參照 212 頁）

飛蜥蜴

蜥蜴亞目大蜥蜴科

大小：約 30 公分

原產地：東南亞

食物：昆蟲

籠子：中型水槽、自製籠子

由於體側有披膜，能在樹林之間滑行，因而得名。所需要的籠子必須比較寬廣。（參照 212 頁）

球　蟒

蛇亞目蟒蛇科

大小：約 60 公分

原產地：非洲西部

食物：老鼠、鵪鶉

籠子：中型水槽、自製籠子

一般這是大型的種類居多，錦蛇屬於小型。容易得憂鬱症，注意多關懷牠。（參照 218 頁）

黃頷蛇

蛇亞目病蛇科

大小：約 180 公分

原產地：日本

食物：老鼠、鵪鶉

籠子：中型水槽、自製籠子

體色是帶有一點藍色的灰褐色，有時候也會有縱向的斑紋。個性溫馴，在日本所產的蛇類中是最容易飼養的種類。由於體型較大，所以籠子要大。（參照 218 頁）

赤斑蛇

蛇亞目病蛇科

大小：約 120 公分

原產地：中國、對馬

食物：老鼠、金魚

籠子：中型水槽、自製籠子

蛇身爲紅底，故有此名。（參照 218 頁）

青　蛇

蛇亞目病蛇科

大小：約 40 公分

原產地：北美

食物：毛毛蟲、蚊子

籠子：中型水槽、塑膠容器

蛇背為鮮明的綠色，非常亮眼。這是小型的蛇，個性溫馴，主要吃昆蟲，但是由於牠無法吃蝗蟲，因此，在食物上的準備要多費工夫。

（參照 218 頁）

石　龜

龜目沼龜科

大小：約 15 公分

原產地：中國、日本

食物：人工飼料

籠子：中型水槽、裝衣服的箱子

　　草龜比綠龜更不能忍受水質的惡化，因此數量逐漸減少。（參照 220 頁）

草　龜

龜目的沼龜科
大小：約 20 公分
原產地：中國、日本
食物：人工飼料
籠子：中型水槽、裝衣服的箱子

這是日本所產的烏龜具代表性的種類。草龜會從頭的旁邊排出臭的物質，不過飼養時不會有發臭的問題。一般雌龜體型較大。

南部石龜

龜目沼龜科
大小：約 15 公分
原產地：中國、石垣島、京都
食物：人工飼料
籠子：中型水槽、裝衣服的箱子

和石龜很像，不過整體而言顏色較淡，龜殼的凹凸也沒有那麼明顯。

密西西比紅龜

龜目沼龜科

大小：約 20～30 公分

原產地：北美

食物：人工飼料

籠子：大型水槽、裝衣服的箱子

一般被當作綠龜販賣，是這種種類的小烏龜。雌龜的體型較大。（參照 220 頁）

烤餅陸龜

龜目陸龜科

大小：約 25 公分

原產地：非洲東部

食物：人工飼料、蔬菜

籠子：中型水槽、裝衣服的箱子

在陸龜中，龜殼比較柔軟且平。飼養上比較困難。（參照 220頁）

迫莒龜

龜目沼龜科

大小：約 25 公分

原產地：中國、台灣

食物：人工飼料

籠子：大型水槽、裝衣服的箱子

分佈在沖繩島附近，屬於亞種。幾乎很少進入水中，但是，不像陸龜那樣耐乾燥。

日本蟾蜍

無尾目蟾蜍科

大小：約 15 公分

原產地：日本

食物：蝗蟲、小老鼠

籠子：小型水槽、塑膠容器

在住宅附近亦可發現牠們的蹤跡，是非常溫馴的蛙類。耳腺有鼓膜會膨脹，會分泌出白色毒液。一般並不會接觸，但是為了安全，不要讓毒液噴到眼睛、嘴唇的粘膜。（參照 223 頁）

日本雨蛙

無尾目雨蛙科

大小：約 8 公分

原產地：日本

食物：蚊子、蝗蟲

籠子：小型水槽、塑膠容器

體型小，長得很可愛。貪吃，是小型而容易飼養的蛙類。

東京達摩蛙

無尾目紅蛙科

大小：約 8 公分

原產地：日本（關東）

食物：蝗蟲、蚊子

籠子：小型水槽、塑膠容器

棲息於關東，是介於達摩蛙和殿樣蛙的種類。

東京達摩蛙的蝌蚪（參照 227 頁）

雨蛙的蝌蚪

做出威嚇狀的東京達摩蛙

正在吃蝗蟲的
東京達摩蛙

大蟾蜍

無尾目蟾蜍科

大小：約 20 公分以上

原產地：南美

食物：昆蟲、老鼠

籠子：中型水槽、塑膠容器

這是原產南美的大型蟾蜍，為了驅除害蟲，世界各地都由熱帶、亞熱帶引進蟾蜍。牠的體型很大，很會吃，甚至可以吃下老鼠。（參照 223 頁）

非洲爪蛙

無尾目袋蛙科

大小：約 10 公分

原產地：非洲南部

食物：紅蟲、動物內臟

籠子：中型水槽、塑膠容器

幾乎都在水中生活，飼養的方法和淡水魚相同。這是水生的蛙類。

朝鮮蛙

無尾目數珠科

大小：體長 8 公分

原產地：東南亞

食物：紅蟲、蚯蚓

籠子：小型水槽、塑膠容器

身體為鮮豔的綠色，有黑色斑點，腹部呈紅色的斑紋花樣。

東北山椒魚

有尾目山椒魚科

大小：約 12 公分

原產地：日本（東北地方）

食物：蚯蚓、昆蟲

籠子：小型水槽、塑膠容器

和關東經常可以見到的山椒魚很相像，整體呈現黑色，體側有細細的青色斑紋。

赤腹蠑螈

有尾目蠑螈科

大小：約 10 公分

原產地：日本

食物：絲蟲、小魚

籠子：小型水槽、塑膠容器

背部呈黑褐色，腹部則一如其名呈紅色的斑紋。成長後主要是在水中生活，至於在陸上生活的時期則不明顯。飼養時要在籠內佈置水池和陸面。牠很愛吃。（參照 229 頁）

蠑螈的雄（上）雌（下）

雄蠑螈尾部的上下寬度較寬，到了繁殖期，體側會出現金屬般的婚姻色。雌蠑螈的尾部看起來較細長。

虎火蛇

有尾目圓嘴火蛇科

大小：約 30 公分

原產地：北美

食物：昆蟲、魚

籠子：中型水槽

體型較大，是屬於山椒魚的種類，很會吃且能耐熱，算是容易飼養的種類。如果習慣了，也會吃剝殼的蝦子，可用鑷子夾給牠吃。一般也有以水龍為名，引進幼體。（參照 229 頁）

火　蛇

有尾目蠑螈科
大小：約 25 公分
原產地：歐洲
食物：蚯蚓、昆蟲
籠子：小型水槽、塑膠容器

即使在繁殖期，也不會進入水中，一般幼體是在水邊出生。

鬣蠑螈

有尾目蠑螈科
大小：約 25 公分
原產地：歐洲
食物：蚯蚓、昆蟲
籠子：小型水槽、塑膠容器

到了繁殖期，雄性的背部會有背鰭突起，因而被稱作鬣蠑螈。（參照 229 頁）

藍鰓魚

鱸魚目太陽魚料

大小：約 20 公分

原產地：北美

食物：人工飼料、魚

籠子：中型水槽

本種也是被歸化的動物，小型的什麼都吃，是容易飼養的魚類。（參照 236 頁）

大陸玫瑰鯽

鯉魚目鯉魚科

大小：約 8 公分

原產地：中國、朝鮮半島

食物：絲蟲、人工飼料

籠子：小型水槽

這也是歸化動物。日本原產的鯽魚種類逐漸減少，尤其是沒有特定的種類限制，所以在採集、飼養時，盡量挑接近本種的歸化種。

睍　鯛

鱸魚目鱸魚科

大小：約 8 公分

原產地：日本

食物：小魚、赤蟲

籠子：中型水槽

這是頗受歡迎的觀賞魚，但是逐漸減少了。（參照 236 頁）

大和沼蝦

十腳目沼蝦科

大小：約 5 公分

原產地：西日本

食物：人工飼料

籠子：水槽

喜歡植物性的食物，個性溫馴，熱帶魚店通常養來清除水族箱的苔類，係西日本所產美麗的淡水蝦。和魚類相比，較不能忍耐缺氧、高溫的水和魚病的藥物，要特別留意。（參照 236 頁）

沼　蝦

十腳目沼蝦科

大小：全長 6 公分

原產地：東日本

食物：人工飼料

籠子：水槽

很常見的淡水蝦，是東日本產的亞種。（參照 236 頁）

青　蝦

十腳目沼蝦科

大小：全長 3 公分

原產地：台灣

食物：人工飼料

籠子：水槽

這是非常小的淡水蝦，在熱帶魚店買得到。繁殖方法和草蝦相像，很容易。（參照 236 頁）

澤　蟹

十腳目澤蟹科

大小：約 4 公分

原產地：日本

食物：魚等

籠子：水槽、塑膠容器

這是生活於河川上游的螃蟹，幾乎很少進入水中。容易飼養。（參照 238 頁）

美國螯蝦

十腳目螯蝦科

大小：約 20 公分

原產地：北美

食物：魚等

籠子：水槽、塑膠容器

原產北美，在日本已成為歸化動物。只要不是被污染的水域，螯蝦幾乎都可以生長，很容易飼養。這是肉食性動物，吃蝦、魚等小動物維生。（參照 238 頁）

霓虹藍龍蝦

十腳目螯蝦科

大小：約 20 公分

原產地：澳洲

食物：魚等

籠子：水槽、塑膠容器

全身呈現藍色。在飼養、繁殖上都比螯蝦困難。（參照 238 頁）

狒狒特藍特毒蜘蛛

土立蜘蛛亞目大土蜘蛛科

大小：全長約 20 公分

原產地：南美

食物：昆蟲、小老鼠

籠子：塑膠容器

國人尚無法接受飼養毒蜘蛛作為寵物，但在國外很受歡迎。其實牠的毒性並不強，但是再怎麼說也是有毒，因此在接觸時要十分留意。（參照 244 頁）

藍蠍子

蠍子目黃金蠍子科

大小：約 10 公分

原產地：非洲

食物：昆蟲

　　這也是有毒動物，尤其是小型的茶褐色種類，毒性較強，要特別留意。

扁平馬陸

大馬陸目扁平馬陸科

大小：約 3 公分

原產地：日本

食物：落葉等

　　雖然也有引進外國產的大型馬陸，不過像是蜘蛛馬陸等在日本也很多，無毒，可以自行採集飼養。

蜣　螂

甲蟲目金龜子科

大小：約 7 公分

原產地：日本

食物：人工飼料、水果

籠子：塑膠容器、昆蟲籠子

這是代表性的昆蟲飼養種類。平均壽命 1 年，而不管是成蟲或幼蟲，在飼養上都非常容易，而且容易繁殖，可以累代飼養。市面上買得到成蟲、幼蟲用的人工飼料。（參照 245 頁）

大鍬螂

甲蟲目鍬螂科

大小：約 6 公分

原產地：日本

食物：人工飼料、水果

籠子：塑膠容器、昆蟲籠子

主要分佈於西日本，數量也不少，可以累代飼養，很受歡迎。（參照 245 頁）

鋸角鍬螂

甲蟲目鍬螂科

大小：約 4 公分

原產地：日本

食物：人工飼料、水果

籠子：塑膠容器、昆蟲籠子

體型中等，是經常可見的普通種類，不過數量在逐漸減少中。（參照 245 頁）

田　鱉

半翅目負子科

大小：約 6 公分

原產地：日本

食物：魚、蝌蚪

籠子：中型水槽

這是大型的水生昆蟲，很好吃，專門捕捉魚和蝌蚪。牠們有銳利的口器，用以吸取體液，由於受到農藥的影響，目前數量急遽減少。是很受歡迎的種類，但取得稍微困難。（參照 247 頁）

水　黽

半翅目退行地科

大小：約 4 公分

原產地：日本

食物：魚

籠子：小型水槽

飼養上和田龜一樣，但是這種昆蟲小，無法吃較大的昆蟲。（參照 247 頁）

若　蟲

蜻蜓目蜻蜓科

大小：約 3 公分

原產地：日本

食物：魚、蝌蚪

籠子：小型水槽

若蟲是蜻蜓幼蟲的統稱。由圖片看來，應該是紅蜻蜓的幼蟲。（參照 247 頁）

鳳　蝶

鱗翅目鳳蝶科
大小：約 8 公分
原產地：日本
食物：柑橘科、蜜
籠子：自製籠子

這是大型的具有黃黑間雜色的蝶類。幼蟲一般是吃柑橘類的葉子。從卵孵出來的幼蟲一般具有黑底白紋，看似鳥糞，觸摸會有臭味。有的有角。

白紋蝶

鱗翅目白蝶科

大小：約 5 公分

原產地：日本

食物：油菜科、蜜

籠子：自製籠子

　　這是最常見的蝶類。幼蟲吃高麗菜和油菜科的葉子。（參照 247 頁）

紅蜆蝶

鱗翅目蜆蝶科

大小：約 4 公分

原產地：日本

食物：酸模、蜜

籠子：自製籠子

　　幼蟲喜歡生長在水邊的酸模，經常可在水邊見到。

左旋蝸牛

基眼目蝸牛科

大小：約 5 公分

原產地：日本

食物：植物

籠子：小型水槽、塑膠容器

左旋蝸牛也有幾種種類，這是其中最常見的。體型大，在濕度高的季節經常可見牠的蹤跡。從春天到夏天，可以捕捉幾隻，再放入一些土就可以簡單地飼養。（參照 250 頁）

三筋蝸牛

基眼目蝸牛科

大小：約 2.5 公分

原產地：日本

食物：植物

籠子：塑膠容器、密閉容器

在關東等處見到的是中型種。落葉中、石頭和盆栽下，一年四季皆可發現牠的形蹤。

（參照 250 頁）

草鞋蟲

等腳目岡土鱉科

大小：約 2 公分

原產地：日本

食物：蔬菜

籠子：塑膠容器、密閉容器

四處皆可取得，可以拿來觀察，亦可當作其他動物的食物。殼比土鱉柔軟。

（參照 250 頁）

大田螺

中腹足目田螺科
大小：約 4 公分
原產地：日本
食物：人工飼料
籠子：水槽

引進作為食用，一般養在各地休耕的田裡，是由野生而歸化的動物。初春時繁殖小田螺。

物洗貝

柄眼目物洗貝科
大小：約 7 公厘
原產地：日本
食物：人工飼料
籠子：水槽

這是非常小型的淡水貝。一般不是當作寵物飼養，而是附在水草上進了水槽。

☆★☆★☆★☆★☆★☆★☆★☆★☆★☆★☆★☆★☆★☆★

前言

向飼養挑戰

在飼養熱帶魚或爬蟲類的狂熱者之間，流傳一句話：「向飼養挑戰！」在飼養技術、知識和設備方面，經過充分的研究之後，雖然不知道能否養育成功，還是嘗試向養育挑戰的意思。

這和逛街時經過寵物店，看到可愛的動物就買回來養的態度不一樣。雖說購買珍貴種類的動物來養的人比較存有這種觀念，但是一般飼養普通寵物的人，也應慎重其事的存著這種想法。

對於自己所想要飼養的動物種類，應該事先調查飲食習慣和棲息環境，做好完整的準備，再將寵物帶回家來養。

主編　三上　昇

☆★☆★☆★☆★☆★☆★☆★☆★☆★☆★☆★☆★☆★☆★

目錄

第六章　哺乳類的飼養方法

第七章　鳥類的飼養方法

第八章　爬蟲類、兩棲類的飼養方法

第九章　水生動物的飼養方法

第十章　其他的飼養方法

索引

第一章 飼養之前

●小動物不好飼養

最近掀起養寵物的流行風潮，尤其是爬蟲類和珍貴的哺乳類等小動物，經常在電視節目上出現。雖然他們說這些小動物比貓、狗好養，事實上並非如此。

如果想讓牠們和人類長時間一起生活，而且在人工環境下繁殖後代，其實比養貓、養狗來得困難。

若是打算飼養貓、狗，關於養育方法和各品種的習性，在一般書店都可以找到參考書籍，甚至連飼料也有各種牌子可供選擇，在超市即可買到。就算生病了，也很容易找到獸醫看診。而且人類飼養貓、狗已有幾萬年之久，飼養方法大致都已確立，再者貓、狗長期與人類共同生活，也已馴化了。本來貓是夜行性動物，但因長時間與人類一起生活，久而久之，晚上也隨著人類睡覺了。

但是本書所介紹的這些小動物，都是剛開始就和人類生活的動物，牠們和人類接觸的時間最長的種類也不過一百年之久。大部分的小

日常生活要與寵物互相調適

動物無法改變自己的習性來適應人類的生活，所以想要飼養牠們，人類必須配合牠們。然而就算願意配合牠們，人類也不見得了解如何飼養這些小動物。不知道牠們會不會吵鬧，可不可以帶出去散步，還是只要有籠子、水槽就可以了？除了專門店，哪些地方還可以買到飼料？牠適合什麼樣的環境？生病時怎麼辦？這些問題都毫無頭緒，還能夠說很好飼養嗎？因此不能以飼主的情形來判斷好不好養。

不過大部分的小動物都比貓狗還要小，所以較好掌握。如果你能夠準備一個適合小動物生長的環境，之後的問題就好解決，或許因為如此，那些飼主才會說好養。

●尋找適合自己的寵物

每個人所喜歡飼養的寵物都不同，有人喜歡貓所以就養貓，喜歡烏龜就養烏龜，這樣子大概都不會有問題。但是有人喜歡狗卻無法養牠，就買蛇回來充數，卻發現喊牠得不到回應，撫摸牠也不受到親熱的歡迎，像這種神經質

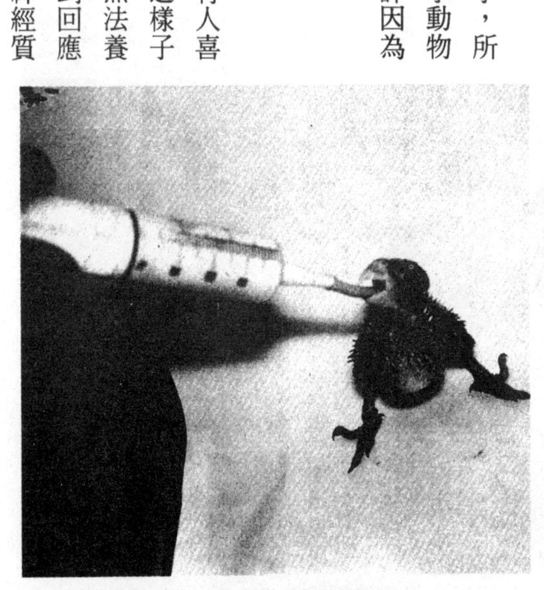

飼養適合自己的寵物

的寵物不喜歡被摸，有時甚且因而拒食。

相反的，如果是雪貂這種活潑好動的寵物，把牠關在籠子裡，限制行動、不斷餵食，不只容易發胖，還會造成精神壓力積聚。

所以，如果你喜歡和寵物玩，就養哺乳類或鳥類的小動物，如果你得用手餵食才能感到滿足，不妨考慮飼養爬蟲類或兩棲類，甚至你想換換口味，可以改養魚、昆蟲或蠍子。

總之，依據自己的需求來考慮飼養的寵物。如果沒能做好準備，可能為自己和寵物都帶來不便，不可不慎。

●取得小動物的方法

想要取得小動物有兩個方法，其一就是到寵物店購買。由於最近流行養寵物，所以到一般店裡幾乎皆可買到家兔、小白鼠、爬蟲類、

自行採集是取得的方法之一

兩棲類等小動物，或是至專門店購買也行。

另外一種方法就是自己去捕捉小動物。在日本除了老鼠、鼹鼠，捕捉野生的哺乳類、鳥類需有狩獵許可證。事實上，採集飼養的對象大都為爬蟲類、兩棲類、魚類、昆蟲等。

●到寵物店購買或自己捕捉

不管是外國產地或日本本土的哺乳類、鳥類等小動物，可以到寵物店購買，也可以自行捕捉，不過大多數人以購買居多。比如草龜、鱉等烏龜類小動物，在熱帶魚店可以買到，而大和沼蝦這種小動物，幾乎一年之中皆可買到，而且價錢不高。這種大和沼蝦在東日本是找不到的，因此關東以北的人，就不會自行採集。

相反的，並不是那麼珍奇的小動物，寵物店沒有這些種類的小動物，就要自行採集。像日本壁虎、日本金蛇蜥蜴、蟾蜍等，在寵物店是看不到的，至於螯蝦、蜣螂、鯽魚、鯉魚等，到寵物店買比自行捕捉方便多了。不過，這是個人喜好的問題。

與其衝動地到寵物店購買，不如先至大自

自行採集會比較了解飼養的動物

然觀察小動物生活的環境，待了解牠們的習性後再來飼養也不遲。

●什麼時候得去寵物店

如果打算飼養非本土所產的小動物，就要到寵物店購買。或者自行捕捉到小動物，但是飼料和器具等一樣要到店裡去買。假若在書本上看到照片，打算飼養這種小動物，最好先到寵物店看一下，因為實物和照片畢竟是有差距的。

有時候自行捕捉小動物，可能抓到了也不知道是什麼東西，這時候可以上寵物店請教。再者，家裡沒有飼養用的器具，最起碼也要到寵物店買個籠子和水槽。

●正統的寵物店

如果你想養寵物，就要到寵物店買飼料，或是想買新的動物，在飼養上有任何問題，也可以上寵物店請教。如果無法找到一家店解決你的煩惱、問題，那麼在遇上麻煩時就會減少很多飼養的樂趣。經常上寵物店能夠聽到熱愛寵物的人談話，從中汲取他們的經驗，當作自己的參考。因此，你若是認識正統的寵物店，這也可以幫助順利地飼養寵物。

一家優良的寵物店，裡頭的動物都很有活力，而且工作人員對店內的動物知之甚詳，各種飼料和飼養用具也非常齊備。

此外，店家對每一位顧客都很親切，任何問題皆可獲得周全而詳細的諮詢。當然啦，遠近和寵物店的好壞並無重要關係，不過若是每回買飼料都要跑到大老遠的地方，可能寵物就有斷糧之虞。

相反的，不好的寵物店所陳列的動物都沒有元氣，甚至把生病的小動物賣給初次飼養的人，或者賣了某種小動物，店裡卻不供應飼料，這樣惡劣的售後服務，教人無法苟同。

另外一個觀察重點就是動物的籠子。這可以看出店方的管理態度，不清潔的籠子會對動物健康造成傷害。

價錢也要作為考慮的一項。最近很多寵物店強調價錢便宜種類多，但是動物不比家電用品，還可以殺價。如果你用半價買回來小動物，但牠很快就死了，那麼這價錢就貴了，不過，便宜不一定都是不好的。因為近來掀起養寵物的風潮，有些店方會把生病的寵物賣給顧客，所以最好貨比三家，選擇價格不會太高也不會偏低的店。

每家寵物店所賣的種類不見得相同，也有貓、狗、金魚、熱帶魚、小鳥、爬蟲類等的專賣店，至於百貨公司所設的寵物專櫃，一般性

最重要的是找到好的寵物店

的寵物大概都有。一般而言，寵物店老闆都有長時間飼養動物的經歷，對店裡的動物知之甚詳，至於新品種的動物也很有研究，他們能提供豐富的經驗和知識，以及適當的飼養方法。不過動物種類太多了，店老闆不可能什麼都知道，而且他們不可能只賣自己喜歡的動物種類，所以難免有不懂的種類。但是有些寵物店乾脆不賣不了解的動物種類。

另一方面，對該種動物並不了解，卻因流行而賣了起來的寵物店也不少。例如金魚專賣店，因為最近流行養爬蟲類，為此而引進大蜥蜴。一般的種類如金倉鼠、阿蘇兒鸚鵡等，在寵物店購買即可帶回飼養，但是比較珍奇或新品種，最好還是到專門店買比較保險。

●這樣的動物要注意

若能找到一家有良心的寵物店，就可以聽從他們的建議。如果你已很有經驗，養成看動物的眼光，那你或許可以在各家店中找到想要的種類，而且能夠避免不健康的動物。以下就要說明選擇動物時的確認重點。

☆確認重點1

觀察體格

首先，要避免瘦弱的動物。幾乎所有從寵物店買回家的動物，都會不適應新環境，甚至拒吃飼料。因此在牠習慣新家，誘導進食這段時間，體力維持就很重要了。如果是健壯，有活力的動物，二～三天不吃飼料也無所謂，可是瘦弱的動物如果因為不習慣環境而拒食，就會衰弱。

因此不妨先到動物園或寵物店走走，看看這種動物的標準體型為何，作為參考的依據。一般而言，從肋骨和腰骨的位置大概可以看出是否太瘦了。

此外，太胖的也不要買。如果腹部膨脹，很有可能是生病了。同時，在體型上還要注意是否有骨骼異常的地方。如果有背骨或腳骨彎曲的現象，就要特別注意，因為那通常治不好。

☆確認重點2

觀察身體是否乾淨

身體不乾淨，毛上有皮屑、鱗片的動物要避免。動物難免會打架受傷，但是通常很快就能治好，而且同一個籠子裡的動物也會染上同樣的皮膚病。同一個籠子裡，有一～二隻容易

購買動物前必須檢查做確認

受傷，這表示牠們受到欺負，有些人或者因此心生同情，就買回家照顧，但是這些動物通常很神經質，精神不安定，因此人類很難去馴服牠，甚至有的得了病。而且如大型鸚哥這些聰明的鳥類，還會自己拔去身上的羽毛，雖然不至於全身光禿禿的，可是羽毛會稀疏。

如果身體不乾淨，不可能是店家管理不當，大部分的動物健康時，身體是乾淨而且有光澤的。所以健康的動物之身體的毛皮具有光澤。然而當牠們身體狀況不佳時，無法分泌油分，身體就會無光、不乾淨。

因此只要仔細地觀察，就可以明白動物的身體狀況，生病時會拉肚子，這時可以發現肛門附近骯髒，若是慢性下痢，肛門周圍會沾滿了排泄物。

爬蟲類和兩棲類是腹部著地而生活的，如果飼養在濕氣籠中，會引起腹部發炎，因此到寵物店選購時，最好要求觀察牠們的腹部。還有，動物的腳、爪內側也要仔細檢查。一般比較有道德的寵物店員工，會抓起動物讓顧客觀察。

爬蟲類、昆蟲、蜘蛛、蠍子等的身上經常發現壁蝨，所以要仔細檢查。昆蟲類的腳後跟經常會發現小小的紅色壁蝨，而爬蟲類的鱗片下面也見到壁蝨附著。鳥類身上則有一種稱作羽蝨的壁蝨，會附著於翅膀下，或是鳥籠的木板、木條上。還有像魚、蝦、蝴蝶等，身上也可能有寄生蟲。相比之下，自行捕捉的魚類身上，寄生蟲可能更多。如果沒注意就放進水槽內，連原來健康的魚也會感染寄生蟲，因而要特別留意。

☆確認重點3

觀察臉部的異常

眼屎、眼淚、鼻水、鼻涕等，疑似生病的徵兆。尤其是哺乳類動物的耳朵內側，很可能有分泌物或壁蝨附著。如果黑眼球部分發白，或是眼睛出現白膜，可能是缺乏維他命或紫外線不足，造成佝僂病的初期症狀。尤其是烏龜和哺乳類，特別容易罹患這種疾病。

相反的，看不到眼白或是黑眼球突出，也是常有的現象，這也是維他命缺乏所造成的，為了慎重起見，最好避免購買。還有，看不到蛇的眼白可能是牠開始蛻皮的前兆，動物反而易怒，但是這為健康的現象。

臉部不乾淨也是一個觀察的重點，仔細觀察牠的表情。雖然爬蟲類和兩棲類很難觀察，但是對於哺乳類和鳥類，可以發覺健康的動物是很有生氣的。

☆確認重點4

觀察動作

觀察是否有動作上的異常。看看步伐是否正常，有沒有跛腳，是不是太安靜了都不動，或

避免行動怪異的動物

者過分的活動，這種動物都要避免。最理想的就是當你走到籠邊時，覺得有人要給牠食物而走到你面前的動物。有的會在人前嚇得逃走，或者做出威嚇的樣子，都是因為不習慣陌生人的接近，係健康的反應。

若是毫無反應，不在意人類的接近，反而需要特別留意。不過如果遇上刺蝟這種白天少動的動物，反應又不一樣了。因此也要分辨是何種動物，才不會失誤。

第二章

如何捕捉小動物

●了解野外生態體系

想要捕捉動物，人類必須進入一般動物生活的自然環境中。小動物所棲息的池塘、小河、草原、樹林等野外，除了本書所介紹的動物外，還和其他昆蟲、花草、小鳥等生物一起生活。若能親自觀察這種自然生態體系，對於日後飼養寵物具有很大的意義。

例如想養青蛙，若是知道蟾蜍大都棲息於石頭或枯木之下，或是曉得蚯蚓、土鱉棲息哪裡，或者清楚雨蛙、蜘蛛、蝗蟲大都棲息草上，很自然的就會了解如何準備飼料、籠子和飼養的環境。

到寵物店購買外國動物的人，就很難想像牠們的生活環境，因此想要成功地飼養動物，這種認識是必要的。

尤其是爬蟲類、兩棲類、魚類、昆蟲和一些哺乳類、鳥類，很難去適應環境，因此為牠們準備一個適合棲息的環境是應該的。

此外，對於國內的野外生態體系，也要配合動物的體型與種類的參考書加強知識，才擁有養寵物的能力。

就算你並不想飼養外國種類的動物，到野外觀察生態體系也是一種樂趣。

●準備好了才出門

出門捕捉動物之前要做好準備。事先設想要準備哪些工具，想要哪種動物，用什麼器具來飼養。

捕捉的動物長期生活於狹窄的空間中，容易累積壓力，最後可能死亡。特別是魚類這些水生動物，不能養在自來水中，必須事前在水槽中蓄水，擱置幾天後才能使用。

事先準備的籠子可以帶到野外去，這樣才能配合想要飼養的動物種類及數量，避免過量捕捉而養不下。

但是，我們很難料想到了野外會捉到什麼動物，因此最好另外預備一個塑膠籠子。

●採集時必備的用具

採集小動物並不需要準備什麼特別的用具，但是一些會用到的工具，下面會稍做介紹。

如果採集的小動物多半屬於水生動物，可以利用一些方便的釣魚用具。

不要忘了採集前的準備

網

若能熟練的使用網，用來捉爬蟲類、昆蟲可謂全能的道具。這兒所說的網是手拿的網，具有長柄，像捕捉昆蟲用的捕蟲網，還有釣魚用的小撈網等都是。

一般最好使用的就是小撈網，價格便宜，而且網目很細，還有就是到水邊玩時捉源五郎魚所用的小撈網。但要避免太便宜的尼龍製品，很容易壞掉。釣具店所賣的小撈網，一般是指海釣時所用的較大的網。

購買時要注意網目大小，儘量選用網目較細的撈網。

此外，顏色也要注意，青色和黑色就比白色來得好，比較不會引起動物的警戒心。

捕蟲網用來採集昆蟲，網目很細，而且深

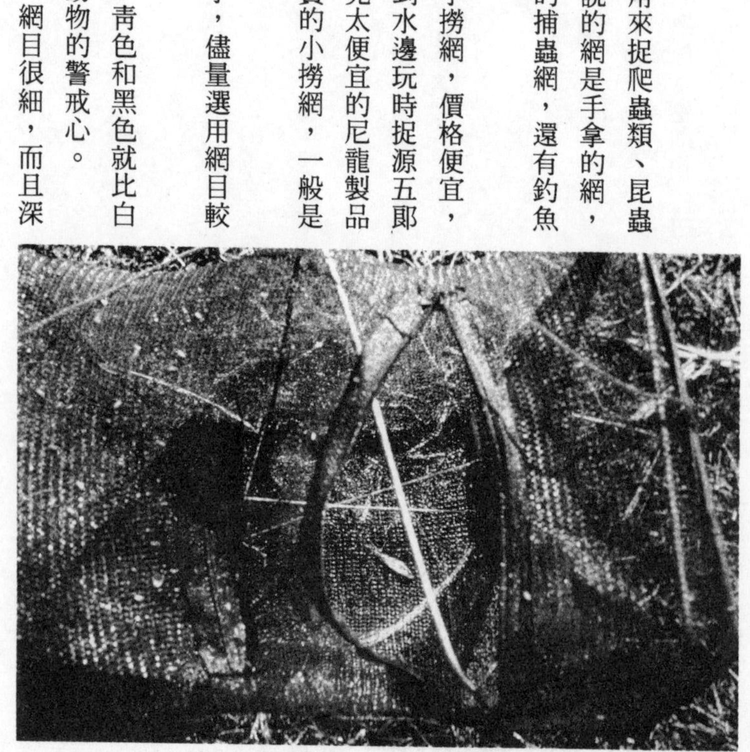

捕魚時不可或缺的魚網

度較深，捕捉蜻蜓、蝴蝶等飛蟲時非常方便，但它容易勾破，而且網目太細也不適合在水中使用。

這種網的結構較輕，而且柄和網的框框也比較好看，攜帶方便，有的還能折疊。在昆蟲標本專門店或自然教材店中可買到。

◇陷阱圈套

在日本不能捕捉哺乳類和鳥類，因此所謂的圈套就是指捕魚、捕昆蟲時的浮標等。捕魚所用的浮標和撈網一樣，可在釣具店中買到。自古以來捕捉兔子等小動物所用的竹製器具，還有用金屬做成的網、塑膠製作的容器等。另外也有用作捕捉螃蟹的陷阱。一般會將餌食放在器具中，然後誘引動物進來，加以捕捉。

◇移動用的器具

捕捉到想要飼養的動物以後，在帶回家裡之前，不能讓牠的體力流失。所以對於移動中動物的情況要非常小心，必須能使動物活著，因此要確保氧氣、濕度、溫度的控制。

此外，小型動物要避免碰到、擠壓。移動用的器具若是需要盛水，必須使用容積大的種類。除了採集後用來運送的器具外，採集時拿著移動的器具也要講求小而輕便。

◉爬蟲類的容器

爬蟲類必須呼吸空氣，還要有適當的濕氣，因此基本上只要不是密閉的容器皆可，一般像是昆蟲的籠子或塑膠箱皆可使用，特別是大型的蛇亦可使用布袋，蜥蜴可以使用布袋，但是小型的要注意避免受到擠壓。

使用布袋在取出時，可能會被咬或讓牠跑了，應該小心。至於烏龜，雖然是在水中生活的動物，但是身體乾燥也不打緊。

乾燥並不要緊，但在日正當中或炎夏時放在車中移動，可能會引起脫水症狀，最好是置於通風良好的陰深處。甚至可以放入草中（不是濕的），維持某種程度的濕度，一旦草顯得

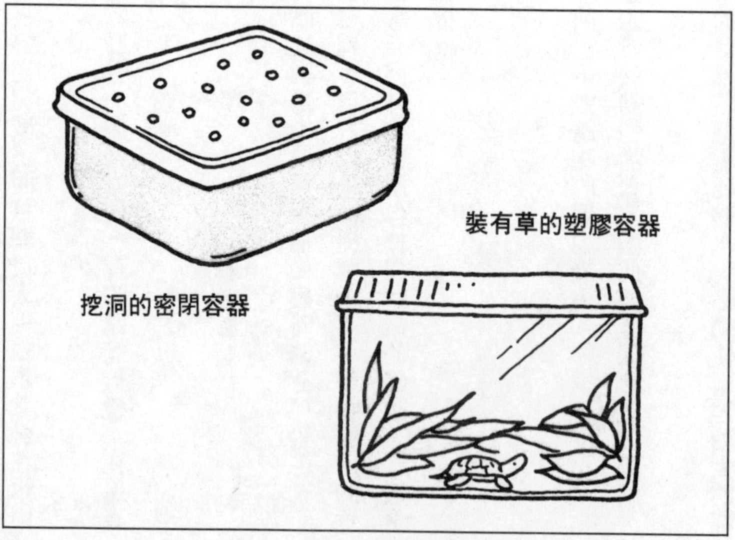

裝有草的塑膠容器

挖洞的密閉容器

乾燥，這就是危險訊號。

◉兩棲類的容器

兩棲類一如其名，例如蝌蚪（青蛙的幼蟲）是在水中用鰓呼吸，長大後的青蛙和山椒魚等，就到陸地上用肺或皮膚呼吸新鮮空氣。因此蝌蚪在移動過程中是和魚類一樣，放在水中，並要打進空氣。

成熟的個體並不需要那麼多水，如果給了太多水反而逼使牠們不得不游泳，甚至溺斃。但是也不能讓牠們的皮膚乾燥，這樣也會致死，因此容器內要保持一定的濕度。

還有兩棲類生物大都不耐熱，如果在夏天把牠們關在密閉容器內，很容易悶死，所以要維持通風。像塑膠箱這類密閉容器，可在蓋上挖幾個洞，並放入濕潤的衛生紙或水草，保持

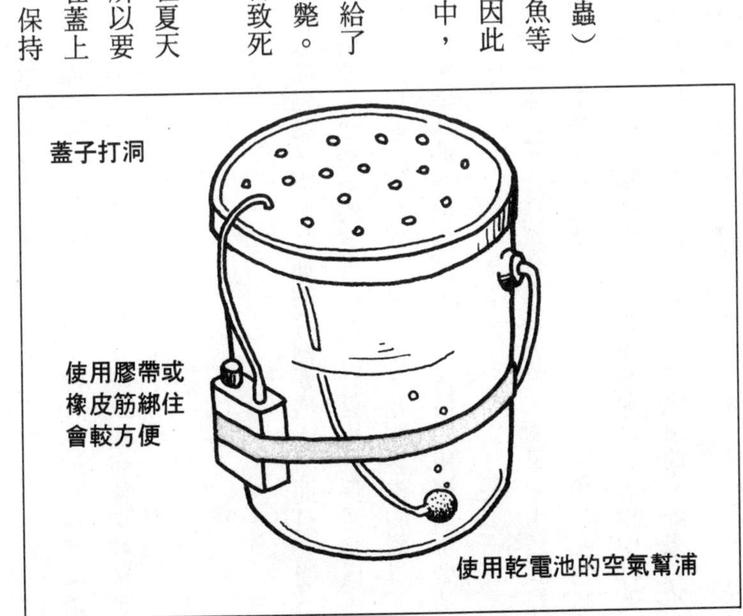

一定的濕度。由於兩棲類大都會攀爬塑膠箱的壁面，所以要加上蓋子。

把捕捉到的青蛙放入塑膠箱中，牠會跳動而去踫撞蓋子，為了防止牠脫逃，要嘛就準備大一點的容器，否則便是很小的容器，讓青蛙無法跳動。此外，放入一些草類可使青蛙鎮定，同時具有墊子的作用。

◉水中動物的容器

魚類、貝類、蝦是在水中生活，以鰓呼吸的動物，因此裝運的容器要盛水，而且要提供充足的氧氣。如果容器較小，就要使用空氣幫浦。運送用的容器可使用野餐用的保溫箱或手提的大型塑膠盒，至於採集時則可用桶子這種開口較大的容器，或是蓋子開關容易的器具。但是注意防止生物跳出來。釣具店有賣一種乾電池式的空氣幫浦，可以保持釣餌用的小蝦活跳，相當方便。

到寵物店購買熱帶魚，會用較厚的塑膠袋裝魚，而且裡頭會充滿氧氣。如果使用包裝好的、具有保溫效果或是發泡容器來裝魚，因為其中會產生溫度的變化，在運送魚類等生物時是最安全的方法。還可以將牠們分門別類、裝在不同的塑膠袋中，避免在運送的過程中打架。一般而言，氧氣筒比較難取得，但在運動用品店中，有登山緊急時用的氧氣筒。如果買不到氧氣筒，當容器中生物較少時，也可以靠吹氣的方式來增加氧。

像螯蝦、河蟹等生物，即使沒有水也能活上一段時間。但是完全乾燥的話，也活不長久，因此可在容器中加入一些水。由於螯蝦、河蟹等會戳破塑膠袋，因此容器最好加蓋，以防逃跑。

◉昆蟲和其他陸上無脊椎動物

在運送過程中，昆蟲並不需要水分，因此，不宜把濕的東西放在容器中，不過和爬蟲類一樣，避免放到太熱的地方。

像蝸牛、土鱉、蚯蚓等陸上無脊椎動物，比昆蟲更不耐乾燥，所以容器中必須放入濕潤的土。蝸牛看起來很需要濕潤，但是太濕的話反而會沒有生氣。

◇其他的便利工具

除了上述的器具，還有一些小工具也是便利的幫手，例如割草用的手套、一些備用塑膠袋、移植泥土用的挖土器、鑷子等。在搜尋小

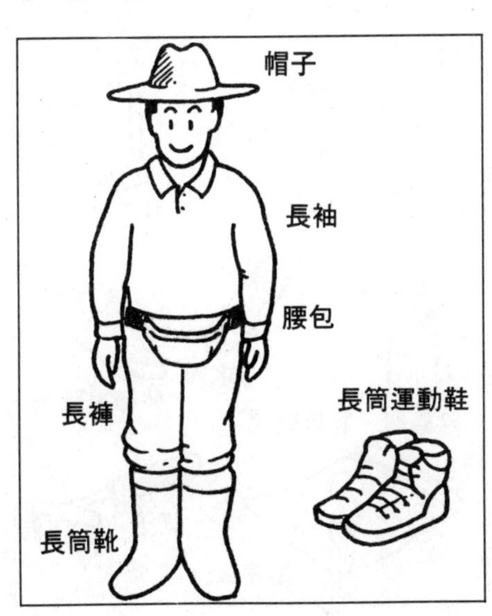

型昆蟲和森林土壤中的生物時，放大鏡和手電筒也能派上用場。採集時通常需要用手割草，最好準備消毒藥水和ＯＫ繃。夏天時盡可能帶上避免蟲咬的止癢藥。

採集的過程中，雙手最好空空的，因此上述的這些工具最好放在背包中。

◇服裝

服裝並無特殊規定，但是就算在夏天，最好也是穿上長袖、長褲。尤其是足部，容易被草割傷，盡可能穿長褲。穿著長筒靴能夠避免蛇咬蟲叮，比普通的鞋子令人安心。長筒靴的靴口最好可以綁起來，避免樹枝掉落其中，而且比較舒服。尤其是水邊的蘆葦、芒草，非常銳利，甚至連長筒靴都會被割破，所以最安全的就是穿上厚塑膠底的登山用長筒靴。尤其是夏天，穿著涼鞋是很危險的。

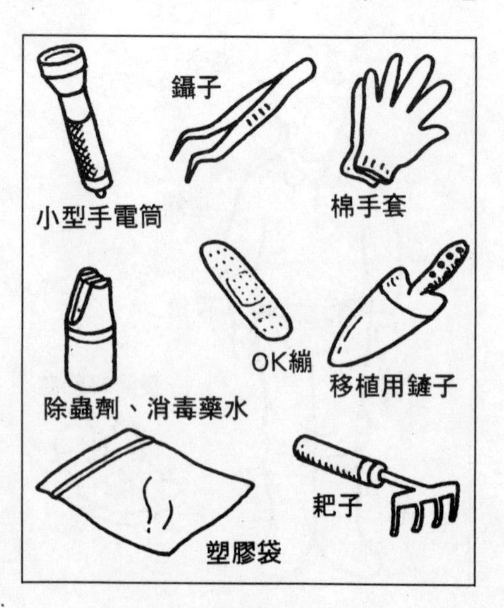

為了預防中暑，必須帶帽子。

●採集的方式

想要捕捉小動物，必須先了解牠們棲息的環境和習性，以下就按照動物的類別，分別解說採集的方法。

◇爬蟲類的捕捉方法

日本蜥蜴、金蛇、蛇類等生物很少在平地出沒，大都棲息於草中，很難用網捕捉。如果用網子從上撲捉，牠們會很快地由草叢和網子之間逃走，所以最保險的方法就是用手捕捉。蜥蜴的警戒心很強，動作又快，因此接近牠時要保持靜悄悄的。

蜥蜴、斑蛇、黃頷蛇等是容易飼養的動物，由於牠們喜歡做日光浴，因此經常可在陽光照射良好的地方見到，通常草不會很長。牠們不易在日照不足的深山中存活。

一般在田邊的小路、日照良好的山路、容易遁逃的草叢旁、陽光普照的空地，可以找到牠們的蹤影。尤其是春秋氣溫較低的季節，牠們會在中午之前出現這些地方曬太陽，以提高體溫。

由於牠們對聲音非常敏感，所以在接近這些地方時必須非常小心。如果運氣好，發現牠們的存在，必須馬上出手捕捉。不過若是只捉住蜥蜴的尾巴，牠會自斷尾巴逃跑，因此最好

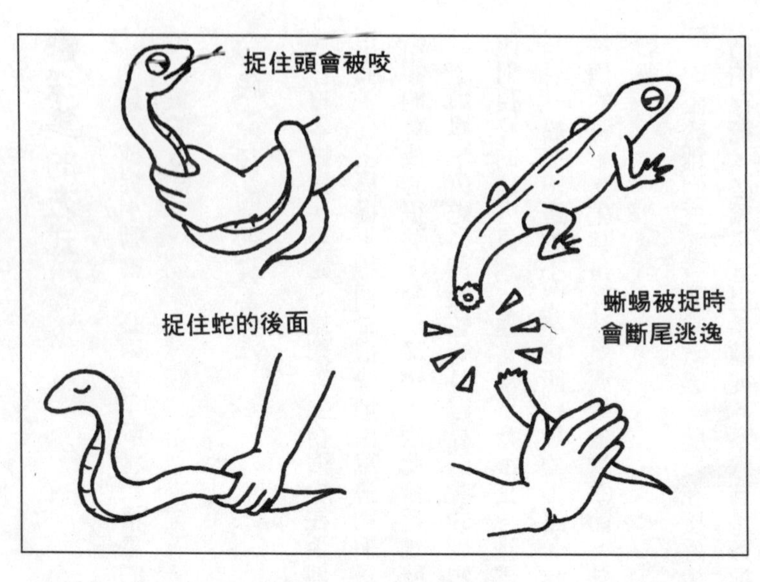

是捉住身體。這時手是最方便的工具，可是草會傷人，因此不熟練的新手儘量戴手套。不要太用力抓。牠們或許會咬人，但沒有那麼痛，不必擔心。

捕蛇時要確認不是蝮蛇、赤練蛇等毒蛇，然後才出手捕捉。一般而言，黃頷蛇是非常溫馴的動物，並不會咬人，斑蛇才會咬人。如果擔心被咬，可以戴著焊接用的豬皮手套，蛇牙穿不透這種手套。

烏龜有時候會游水逃跑，這時可用網子捕捉。小烏龜會漂浮於水面上，不像成熟的烏龜具有強烈的警戒心，因此並不難捕捉，甚至有時可用蚯蚓來釣牠們。但是釣魚鈎會傷了牠的嘴，所以用垂釣的方式抓烏龜是不行的。不管怎麼說，捕捉烏龜是要靠運氣的。像烏龜這類寵物，店裡一年四季都買得到，因此用買的可能會比較方便。

◇兩棲類的捕捉方法

兩棲類的種類大都是在田邊或水邊，有殿樣蛙、牛蛙、蠑螈，從水邊一直到陸地上都有的像是蟾蜍、赤蛙、山椒魚等。在魚塭或是住處附近的綠地經常可見蟾蜍，這是我們周遭最易看見的兩棲類。到了夜晚，牠們會聚集在公園的路燈旁捕食昆蟲，特別是下雨過後的夜晚，更是活躍。

赤蛙棲息於水邊或是離水邊有些距離的山林，一般在水邊即可發現赤蛙，但是大都在距水邊有點距離的地方。這是屬於陸上蛙類，逃跑時會潛入水中，因此捕捉赤蛙時用手會比較方便。由於牠和蜥蜴一樣，會潛入草叢中，因此很難用網捕捉。

陸上的山椒魚潛藏棲息於水邊附近的林地、腐葉或石頭下，很少在繁殖期之外出現，因此捕捉的難度較高。青蛙也是如此，一般兩棲類在繁殖期為了產卵，都會聚集於水邊，這也是捕捉的好時機。但是採集過多，會妨礙下一代的繁殖。若是採集卵塊（青蛙的卵），只要一小塊就會孵出很多蝌蚪了。不過最好還是捕捉成蛙。

山椒魚在一年內都棲息於溪流附近，比較不耐熱，飼養起來也較困難。由於牠是保育類生物，一般都禁止採集、飼養。

殿樣蛙和牛蛙常常一跳就進入水中，只要看見有人接近，便會潛入水中逃跑。因此想要捕捉牠們，必須在潛入水中之前就用網套住。

由於牠們非常敏感，很難接近。尤其是牛蛙，只要稍微聽到一丁點聲響就逃掉了，因此捕捉蝌蚪回家繁殖還比較容易。青蛙會跳進水中逃跑，因此在這時就要用網罩住。

這類水生種類動物，幾乎都是利用水路逃跑，比起陸上種類，比較容易捕獲。

釣青蛙可說是好玩的成分多過於採集，利用假餌釣鈎穿上線，放到青蛙的面前，扯動釣杆。大型的牛蛙可使用像小蟲的擬餌來釣，這是一種很有趣的捕捉方式。釣到時要取下鈎子也很容易，因為它沒有倒鈎。

雖然如此，傷到口腔還是不可避免的，一旦傷到口腔發炎化膿，就會有危險。

◇水產動物的捕捉方法

對於魚類、蝦、螯蝦等這些水產動物，可以用網在棲息地加以捕捉，當然，也有利用陷阱捕捉的方式。捕捉的訣竅最重要就是找到棲息地。到田邊溝圳或只有一到二公尺寬的小河，用飼養的小魚採集，會比到大池塘、大溪捕捉來得有用。因為後者的岸邊通常會有水草覆蓋水面，或是較深，或有垃圾，遮掩了魚類的蹤跡。一般如果能看到小魚，即表示該處為棲息地。

若是使用陷阱捕捉，可以利用釣餌或黃豆粉。一般是將釣餌放在陷阱中，而像鳌蝦、長臂蝦等肉食性動物，與其使用蛹粉，不如用柴魚片等動物性釣餌。

捕魚也有它的方法。釣魚是針對魚的一種有效的捕捉方法，打算飼養魚類的採集對象大都是雜魚，以小魚較多，而要釣小魚是比釣大魚來得困難。

垂釣工具基本上是二到三公尺的延長釣竿或竹竿、一到二號的專門釣線、感度良好的小型浮標、魚線旋輪、鉛墜、一到三號的魚鈎。當使用假餌釣鈎時，就要用上更粗的魚線。盡量不用倒鈎，以免在卸下時產生問題。

一般在釣具店可買到各種誘餌，但是釣銀鯽這種小魚時，最好使用赤蟲、蛆等活餌。

河蟹、弁慶蟹大都棲息於河川旁的石頭下

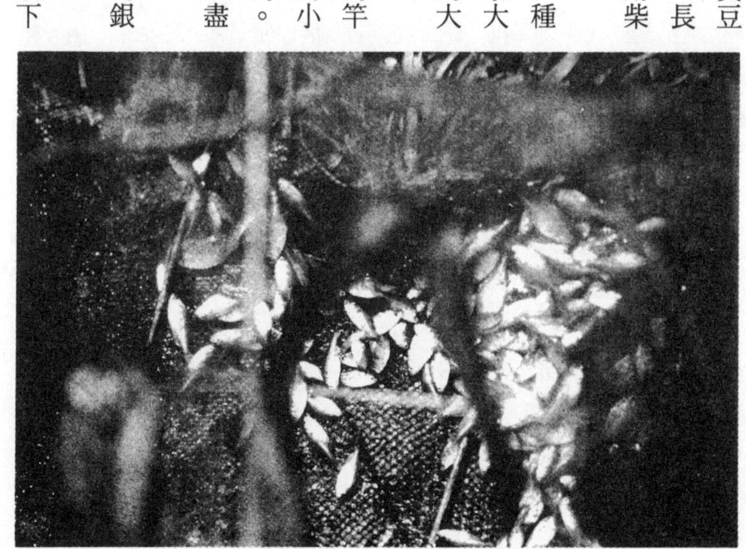

用魚網採集大陸玫瑰鯽

或土洞中，必須把石頭搬開來。搬開後的石頭盡可能要恢復原位。螯蝦棲息在田邊或池塘的洞穴中，可以使用魷魚，放在洞穴旁邊，以味道將牠引出來。

◇昆蟲、陸上無脊椎動物的捕捉方法

昆蟲是我們身邊最常捕捉的小動物，即使不打算飼養，也可以用來當作捕捉其他動物的餌。一般會飛的昆蟲用捕蟲網，而蝗蟲就棲息於草上，用手即可輕易捕捉。

蜣螂、鍬螂這些甲蟲類，以及蛾類這種會在夜晚接近燈光的昆蟲，很容易捉到。蜣螂、鍬螂等白天潛伏於櫟樹樹林的土中，有時仔細搜尋，也可在樹上發現牠們。

停在花上的白紋蝶

蝴蝶、蜻蜓等這些已是成蟲的昆蟲，飼養上比較困難，本書無法詳細地介紹，至於飼養牠們的幼蟲，就容易多了。蝴蝶的幼蟲就是毛毛蟲，蜻蜓的幼蟲則叫做若蟲，毛毛蟲一般都吃樹葉和草，是草食性的，而且所吃的植物種類滿固定的，所以春天時找到這些植物，就能捉到毛毛蟲。像紋白蝶的幼蟲可在高麗菜這種油菜科植物上發現，而鳳蝶的幼蟲一般是棲息在柑橘類的樹葉上。

若蟲生活於水中，和其他的水中昆蟲——水螳螂、源五郎一樣，用捕魚的小撈網就可以捕捉得到。

打算當作餌的昆蟲，可以毫不費力地大量捕捉，只要將捕蟲網往草叢中一撈，蜘蛛、蝗蟲的幼蟲、蚊子等昆蟲都會入網。

像是籬笆，高約一公尺左右的低矮灌木叢中，也潛藏著許多昆蟲，用木棒輕輕撥開樹葉，就會發現有很多昆蟲掉落。

用透明的塑膠網或是白色的網，比較容易看清楚有無網到昆蟲，但是捕捉昆蟲時要注意樹上的蜂巢和蜜蜂。

就算沒有網，一年四季也都可以捉到蚯蚓、米蟲、土鱉、蛞蝓、蝸牛、鋏蟲等生物，只需要一根鑷子即可。另外，會群聚在街燈旁的飛蛾，捕捉起來更是容易。

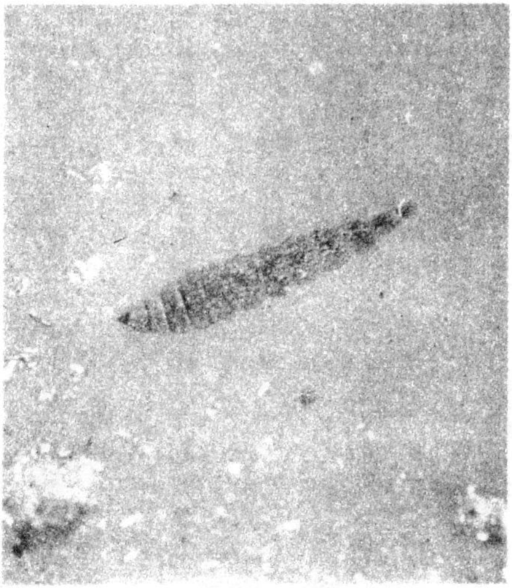

源五郎的幼蟲

對於陸上的山椒魚等，使用餌就可以，若要捕捉小型的土壤生物，可在土上用反射電球照射，不喜歡熱和光的小昆蟲就會紛紛現形。也有一種專門用來捕捉土壤生物的設備。

第三章　關於飼料

●給食時的注意事項

給與飼料也是飼養動物的樂趣之一。例如，將飼料放在手上餵食松鼠，看著牠可愛的吃相，會讓人樂此不疲。

給食時的注意事項，不光只有飼料一項。經常有人到寵物店請教：「蜥蜴要吃什麼？」對方會回答：「蝗蟲。」這個人可能就以為蜥蜴只吃蝗蟲（老實說，這樣子的沒有知識，不具有飼養寵物的資格）。

人類一天要吃三十種以上的食物才能維持健康，動物當然也是一樣，不管牠喜歡吃什麼，越多種類越能得到健康。即使是肉食性動物，也不是只提供肉而已，在自然環境下，牠們也吃內臟和骨頭，因此飼養時除了肉塊，也要提供肝等內臟和植物。

◇人工飼料

人工飼料是指像狗食、貓食等將各種食物混在一起做成的飼料。人工做成的飼料含有均衡的營養，而且容易保存，幾乎所有的寵物店皆買得到。鳥的飼料一般是混合穀物、乾燥的魚粉。

一般而言，人工飼料是根據動物的飲食習慣和所需要的營養研究出來的專用飼料，比起來營養較均衡。雖說如此，也有缺乏的東西。特別是維他命類，有些動物本身的體內就能製造，有些必須自食物攝取。以維他命C而言，人類得自食物攝取，而動物可在體內自行合成。因此採取以人工飼料為主食，對於缺乏的部分提供蔬果、肝臟等營養價值較高的食物加以補強。換言之，提供多種類飼料會比單給一樣來得好，而且動物也比較喜歡。

但是一直吃同樣的飼料，動物可能會因為攝取過多體內無法合成的維他命而造成身體的障礙。因此以人工飼料為主食，必須再供給其他飼料，儘量多樣化。

像最常見的狗食、貓食，種類就非常多。目前市面上所販售的人工飼料種類有狗、貓、兔子、倉鼠、天竺鼠、松鼠、阿蘇兒、小鳥、雞、斑鳥、熱帶魚、金魚、鯉魚、爬蟲類

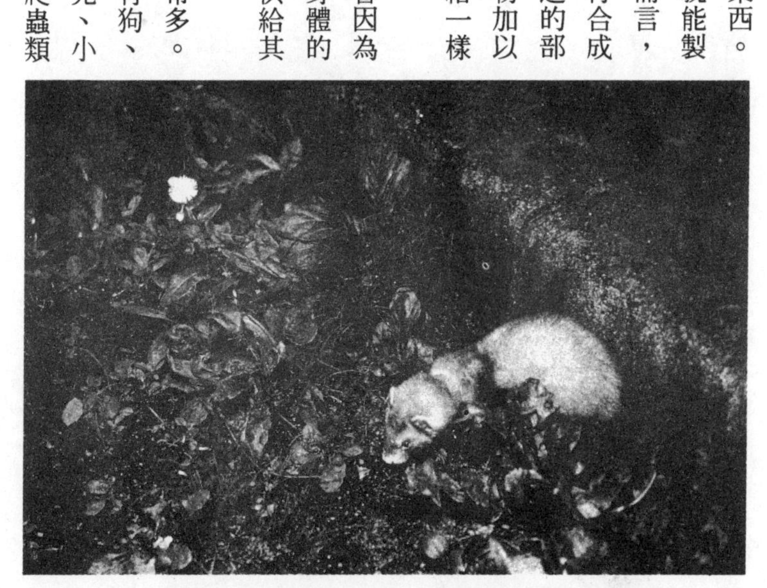

人工飼料的營養雖然均衡，還是要提供其他食物

、蜣螂等。

◉狗飼料、貓飼料

狗、貓的飼料種類非常多，本書所指的是乾飼料，尤其是狗飼料，多半是利用肉食、雜食性動物的飼料。人工飼料的味道比狗食來得香濃，而且營養價值也較高，但要注意勿使寵物過度肥胖。

貓的體內有必需要的維他命E，但是無法自行合成維他命C。由於乾飼料較硬，一開始無法使用，可混合半熟的飼料、肉片或加入蛋、牛奶，使其軟化。半熟的飼料可當作肉食性動物的點心。

市面上也販售貓、狗所使用的乾的魚乾、火腿、肉片、餅乾等點心，比起人類的食物減少了鹽分、強化鈣質，亦可當作其他動物的食物。例如，小魚乾便可作為螯蝦的主食。

◉兔子、齧齒類

齧齒類的飼料種類也很多，像老鼠、倉鼠是雜食性的，一般使用專用的飼料，但是除此之外，也提供動物性的飼料。

一般倉鼠吃的人工飼料以植物性為主，所以動物性部分不足，尤其是在生產前後、冬季，必須提供充分的動物性飼料，可以利用倉鼠和松鼠所使用的輔助食品。兔子和天竺鼠幾乎是草食性動物，不能使用倉鼠的飼料，最好使用專門飼料。

也可以餵食向日葵種子、其他穀物和榛果類，這些並不是人工飼料。其他如具有抑制尿味作用的飼料。向日葵種子是齧齒類、猴子、鸚哥類等動物喜歡的飼料，取得也很方便。

◉鳥類

自古以來，人類就有飼養小鳥的嗜好。尤其是各種調配飼料和養鳥的方法，取得都很方便，不妨請教相熟的寵物店，自己所飼養的鳥類適合哪一種飼料。

飼養鳥類所使用的植物性飼料，一般是採用小米、稗子等穀類，也有只使用單一穀物的。其他的雜食性鳥類則使用三分、五分、七分的鳥食，再補充動物性的鯽魚粉、鹽土、貝殼粉等。

即使是同樣的穀類，有些帶殼、有些無殼

鳥用的食物種類很多，不妨詢問寵物店使用哪一種較好

，有的鳥類只吃去殼飼料，這時可依需要選擇。

九官鳥所使用的飼料具有水果香味，必須先加水軟化後再餵食。對於喜歡水果的動物，例如猴子、綠色蜥蜴，也可以利用這種飼料。

◉其他

熱帶魚、金魚等觀賞魚類的飼料也是種類繁多，甚至蝦、蟹等也有專用飼料。

最近市面上也販售爬蟲類、烏龜專用的飼料。草食性的綠色蜥蜴的飼料也買得到。蜣螂、鍬螂的人工飼料是用蜜調配而成的，呈現膠狀。此外，市面上也販售金鐘兒的飼料。

◇活的飼料

所謂活的飼料是將活的動物當作飼料。在寵物店一般會賣老鼠、金魚、蝗蟲等動物活飼料。最近這種活的飼料經過冷凍，就成為冷凍飼料。

像是爬蟲類、兩棲類和肉食性昆蟲，只吃活的動物。飼養這些動物時，盡可能使用自然狀態的活的食物，這樣可以使生物更有元氣。還有，當給與整隻老鼠或鵪鶉時，可以提供豐富的營養素，對動物的健康而言，這比只給肉片好得多。

在寵物店可以取得活的、生的動物食物，像是老鼠、鵪鶉、金魚、蝗蟲、穀類的蟲等，有的甚至還提供青蛙、蜥蜴、蠶作為食物。不管如何，取得這些活的食物還是以便利為要。

在釣具店亦可找到蛆、葡萄蟲、栗子蟲等昆蟲的幼蟲，以及蚯蚓。蛆是蒼蠅的幼蟲，葡萄蟲是蛾的幼蟲，栗子蟲是比穀類的蟲還小的甲蟲類。也有一些種類是提供蒼蠅和蛾等成蟲。至於番藷蟲是人工養殖的昆蟲，所以一年之中皆可取得，但營養價值並不是很高。

自然的昆蟲像蜘蛛，營養價值反而比一般當作食物用的蝗蟲及養殖的葡萄蟲來得好。所以當做野外採集時，這也是捕捉的對象。不過在採集蟑螂時，宜避免到使用殺蟲劑的地方。

◉活的飼料之保存（飼養）

活的飼料或食物的保存方法，像老鼠，如本書介紹的去飼養就好了，如果能夠飼養、繁殖出下一代，就可以自行準備這種活的飼料。

至於蝗蟲可養在塑膠盒中，裡面放些舊報紙，這樣即可充當金魚或鯉魚的飼料，平時要在塑膠盒中噴些水。

穀類的蟲平時是放在一箱麥糠中，可在寵

飼養老鼠當作其他動物的食物

物店整箱買回來養。麥糠的營養價值極低，且混有壁蝨，這時只要有篩子篩過，即可將穀蟲篩出來，然後把麥糠丟掉，當作金魚的飼料，再混入鈣劑。

飼養金魚、鰷魚的水槽中必須使用過濾器。如果在小水槽中養有大量的金魚、鰷魚，使用飼料就必須配合用性能良好的過濾器，以及空氣幫浦。在給與飼料前，先給與摻有營養的人工飼料，當然，金魚也可以吃若干動物性食物。

在塑膠盒中加入若干水食，紅色的小蝨蟲沈澱。氣溫較高時，小蝨蟲會死亡而腐敗，因而必須勤於換水。這時可以開自來水流沖，若再加上空氣幫浦，效果會更好。

◇其他飼料

例如人類所吃的生鮮食物，肉類、蔬菜、魚類，也是很好的食物飼料。魚、肉要選擇新鮮、脂肪較少的部分，而比起給與整隻老鼠，只給肉的部分會造成營養偏差，因此最好再給與肝等內臟。同時一小條魚也比一片魚肉來得有營養。

以食物的新鮮度來說，最容易造成問題的就是寄生蟲，因此最好把頭部和內臟去掉。這樣經過冷凍處理的食物，就可以不用擔心寄生蟲。至於像油菜、青江菜、高麗菜、胡蘿蔔等營養價值較高，而萵苣因為營養價值較低，最好不要使用。盡可能採用蒲公英、繁縷等野生菜。採集野生菜時要注意殺蟲劑、除草劑的問題。

貓狗是長時間為人類飼養的動物，已經馴服，可以和人類吃同樣的食物。至於倉鼠、老鼠等齧齒類動物，以及雪貂這種為人飼養的家畜，還有浣熊這種雜食性動物，所餵食的食物研究也是非常有趣。

但是人類調味過後的食物，不見得都適合動物，尤其脂肪和鹽分含量過高，容易導致寵物生病。因此燒、煮過後的魚、肉，儘量不要再加調味料。

提供這些飼料時，最好再添加一些營養劑或鈣劑，無論是人工飼料或活的食物，都要注意新鮮度。

若是使用人類的料理作為動物的食物，必須注意不要加入蔥、薑、蒜、洋蔥等調味料，貓狗若是吃到蔥類食物，血液中的紅血球會受到破壞，引起貧血，甚至導致死亡，因此其他動物最好也不要用到這些食物。還有，避免使用辣椒、甘菜等刺激物。

◇給食的方法

給食的方法依動物種類不同，很難有個明

雜食性動物的食物種類多而且有趣

確的量，如果一切照書上所言，不管有沒有生病、運動，那就會有危險。

食量不夠並不會致死，可以一邊飼養一邊調整適當的量。一般以不會使動物過胖或過瘦為標準，儘量維持原來的體型。給的量雖然不多，但因脂肪含量過高、運動不足，也會導致肥胖。

相反的，給的量雖然足夠，卻因鈣質、維他命等必要的營養素不足而引起佝僂病，甚至還會死亡。

所以說，重要的是內容，而非分量。

不過剛開始飼養或是正值生長的幼稚期，分量可以多些，以增加體力。

食物適量很重要

第四章
關於飼養用品

●關於籠子

飼養貓狗比較方便，可以只準備一張小床就好，但是那些需要關住的小動物，就要用到籠子，而整個籠子就是牠們的生活空間。必須注意在餵食時，要防止這些動物逃跑。所以選擇籠子時，要注意清潔的方便與否，容易管理溫度、濕度嗎？最重要的是方便觀察籠內的情形。

◇貓狗用籠子

貓狗用籠子有各種尺寸，這是飼養哺乳類時最容易得手的用品。小型的可使用鳥籠和大型的紙盒。

板條式地板的籠子，動物的排泄物比較不會滯留其上，清掃時也比較方便，或像鳥籠一樣放有底盤，也是不錯，不必打開籠子就可清掃。或是放些貓用的砂子，也能抑制排泄物的臭味，不過若是飼養猴子這種會用手去抓東西的動物，就不能放砂子。

為了防止動物脫逃，出入口最好設有門栓。尤其是飼養猴子、浣熊這些手的動作較靈活的寵物，可能門栓會被打開，還要加上一道鎖。此外有些動物的力量較大，會破壞籠子，在購買時應該選看起來十分堅固的籠子。

有些地方對於飼養浣熊、猴子、大蜥蜴、錦蛇等有特別規定，甚至指定要用一定規格的器具，所以飼主在飼養前必須留意。

◇鳥籠

鳥籠容易取得，大部分小動物都養在這種籠子裡。鳥籠大都以鐵線做成，下面設有底盤盛接排泄物，通氣性良好，而且清洗容易，這是它的優點。

相反的，到了冬天不易保暖是其缺點，同時底部的鐵絲縫隙，可能使食物或剛出生的雛兒掉落，要特別小心。

鳥籠設有放入飼料和飲水的小口，而且相關用具容易取得，可說是便利的器具，但是出入口未設門栓，如果用來飼養哺乳類動物，要防止牠們逃脫。

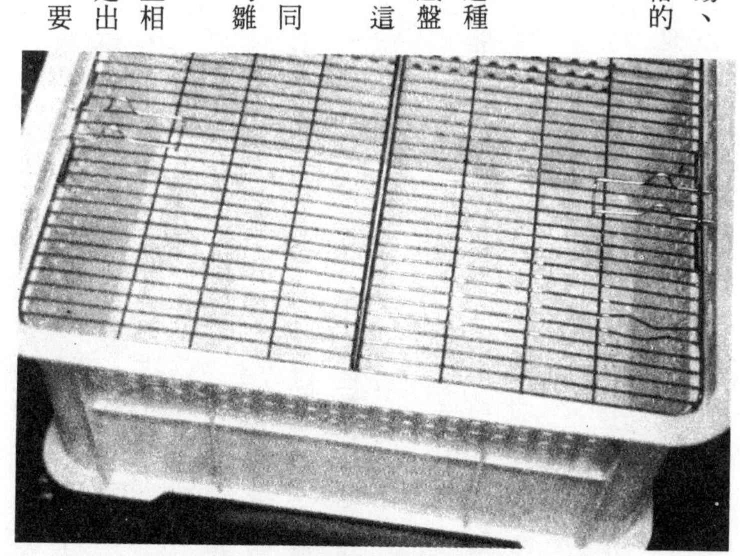

寵物款式繁多，可依照所飼養的動物種類做選擇

大型鳥籠如鸚鵡鳥籠，可用來飼養松鼠、鼯鼠，而且鸚鵡鳥籠不但大，比起狗籠也好看多了，但是太大體型的動物仍然無法使用。

◇鼠籠

倉鼠和松鼠所使用的籠子種類不少，最近在市面上皆可買到。最一般性的就是比鳥籠略矮的籠子，適用於倉鼠。其他像是塑膠盒類的容器，也可用來養老鼠。松鼠所使用的籠子一般比倉鼠籠更高、更大。

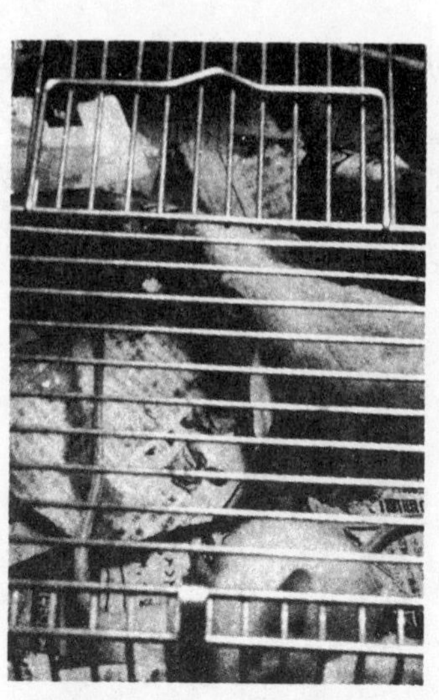

使用有栓子的籠子較好

倉鼠籠和松鼠籠為了防止動物脫逃，出入口大都設有門栓，最好選擇堅固耐用的。同時備有運動用的旋轉車、巢箱、排放水的盤子等設備會更好。

◇水槽

水槽可以清楚地觀察裡面飼養的動物，因此不僅可飼養魚類，也能用來養小動物。它最大的缺點就是沒有蓋子，但這是因為水槽主要是用來養不會逃跑的魚類。

市面上所賣的蓋子，大都是玻璃或塑膠製品，而且和水槽有空隙，如果沒有空隙可能就不適合養動物。若是使用鐵網當蓋子，當然最好了。飼養爬蟲類最適合用這種器具，但是店家很少在賣，可能要自己做。飼養昆蟲這種小動物，最好用絲龍做好的網子當蓋子。

水槽使用玻璃當壁面，缺點是通氣性不佳，尤其到了夏天，水槽中會顯得悶熱，但是冬天反而因為不通風而感到溫暖。

◇塑膠盒

塑膠盒等於是塑膠製成的水槽狀容器，形狀及尺寸多樣化，價格也比水槽來得便宜。這種塑膠盒一般是用來飼養昆蟲這種小動物，上有網狀蓋子，十分方便。

但是要注意不可養齧齒類動物，會被咬開或咬破洞。由於這種材質容易受損，長時間下來易因利爪或掃除而留下難看的痕跡。

◇自製籠子

以上所介紹的籠子大抵適合狗、貓、魚等，並不適合用來飼養本書所介紹的小動物。像是爬蟲類、兩棲類、昆蟲類等，為了創造適合的飼養環境，最好是自製籠子。

至於材質，以木頭通氣性良好，而且可加上各種裝飾。由於老鼠、兔子等動物具有利爪和牙齒，容易造成木頭損壞，所以製作時力求接縫堅固，內側再舖上白鐵皮。為了使通氣良

自製籠子也是一種樂趣

好，至少兩面必須採用鐵網，尤其是正面要有出入口。出入口除了一處較大的之外，最好再設幾個小型出入口，這時候可以用來放入食物，並防止動物脫逃。此外，有一面必須能夠完全打開，以利清掃。

爬蟲類、兩棲類的籠子，出入口可設壓克力板，以便觀察裡面的情況。使用的材料必須堅固，再舖上鐵網，到了冬天，可在鐵網上加裝三夾板，用來保暖。

●其他的飼養用品

◇食物容器

食物容器和內容物都必須保持乾淨，而第一個條件就是不會傾倒。如果食物容器傾倒了，食物就會受到污染，因此盡可能不要讓動物用身體去接觸容器或進入其中。必須注意容器如果太深，小動物可能吃不到東西，最適當的食器就是飼養貓狗的食物容器，以及小鳥用的陶製器皿。

◇飲水容器

飲水容器也是首重不會傾倒、穩定性佳。動物喝水的習慣都不一樣，最好依照牠們的習慣來選擇飲水容器。

兔子、倉鼠、老鼠的籠子很容易受到污染，對於不適合濕氣的動物，只提供需要的水分即可，因而設計出桶狀的飲水容器。小型的哺乳類動物如果進入飲水容器，可能把籠內弄得濕答答的，因此，使用盤狀容器要留意。

相反的，喜歡洗澡的小鳥、蛇、蜥蜴等，就要讓牠們能進入水中洗澡，所以，使用較大的飲水容器比較適合。

一般利用犬用食器即可。

◇電熱器

飼養原產溫帶地方或日本的動物，如果發現牠們在自然溫度之下會冬眠，那就要使用電熱器。

◉小雞加熱電燈泡

形狀和照明用的電燈泡一樣，但是沒有什麼光度，這種電燈泡一如其名，是用來加熱的。自古以來就用作小雞的加熱器。愛好鳥類的人也經常使用。如果直接接觸動物，可能會造成燙傷，由於它會發生高溫，接近稻草、報紙也有危險。一般在使用時會放進鐵網狀的籠子，應該可以放心。

最近市面上開始出現遠紅外線和紫外線電燈泡，使用上非常方便，對動物也很好。此外還有反射電燈泡，由於它也能夠發熱，所以具有保溫效果。

使用方法和一般的電燈泡相同，鎖進插座之中即可。不過若使用一般照明用的電燈泡插座，由於是塑膠製品，會造成溶化，因此必須使用陶製插座，比較安全。這種加熱電燈泡會持續發熱，因此，可再加裝溫度調節裝置，維持籠內一定的溫度。至於反射電燈泡和其他型的，因為溫度並不高，不必附加調溫裝置。

◉板狀加熱器

這種板狀加熱器厚約一公分，一般可放在籠子之下的地面上。在寵物店可買到貓狗專用的板狀加熱器，動物可在其上取暖，非常方便。這種加熱器的溫度不高，其實動物直接接觸也不會有問題，不過再包上一層毛巾還是比較保險。

當然，它也具有調溫裝置，而且顏色、尺寸多樣化，可供選擇。

◉遠紅外線加熱器

比板狀加熱器更薄，並不會發熱，而是發出遠紅外線，使動物自身溫熱。可放在籠子的上下或旁邊，安全性極高，而且方便，但是直接放在籠內，恐怕不妥。這本來是給爬蟲類、熱帶魚用的，溫度比板狀加熱器為高。所以最好加設調溫裝置。

◉水中加熱器

通常用在熱帶魚身上，可在水中使用。一般必須附加調溫裝置，也有一種具有溫度調節

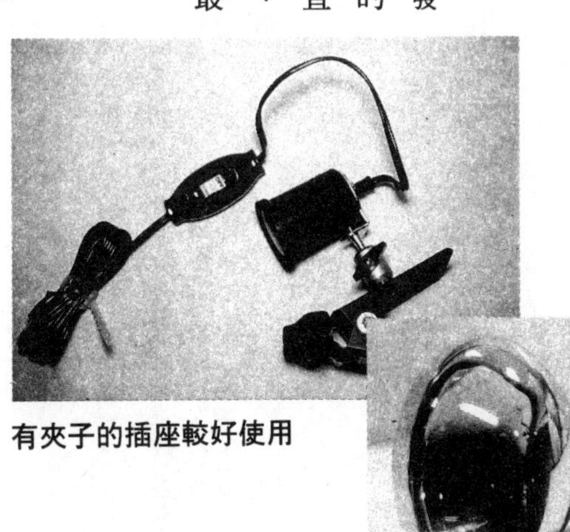

有夾子的插座較好使用

照明用的電燈泡能放射遠紅外線

機能的自動調溫加熱器。溫度設定不安定的裝置不可用於魚類，但對烏龜、爬蟲類來說就非常方便。

◉溫度調節器

溫度調節器一般用於園藝或觀賞魚，可在水族專門店或園藝店購得。觀賞魚用的大都是電子式或雙金屬式，如果不是電子調溫，就不能置於空氣中使用。電子調節式本來是水中用的，但是空氣中亦可使用。小雞適用攝氏35～38度、哺乳類是18～25度、變溫動物差不多是25～28度。

◇地面材料

所謂地面材料是指籠子底部所鋪的東西。根據動物種類的不同，有時亦會採用窩巢或產卵窩素材。有些動物會吃窩巢的材料，必須注意。基本上籠子的底部並不需要再鋪設什麼材料，但是為了防止動物從縫隙掉落，只要不會造成清潔上的麻煩，還是鋪地面材料的好。材質以吸濕性佳為宜，能夠吸收排泄物和滴落的水分，保持籠內的清潔。還有，到了冬天和繁殖期時，最好使用具保溫性的材料。

鋪設的地面材料宜在尚未污染之前替換，如果材料具有吸濕性，放得太久便會成為細菌、壁蝨的溫床。

◉稻草

這是田野中最常見到的自然素材，很多動物都會藏在稻草中過冬，它是很優異的素材，具有吸濕性和保溫效果。甚至兔子這種草食性動物也可吃稻草。一般寵物店所賣的兔子和倉鼠的地板就是以這種材料製成。

◉乾草

牧草乾燥以後就是乾草，使用方法和稻草一樣。這種乾草是牛、馬的飼料，具有很高的營養價值，甚至可拿來餵兔子、天竺鼠。由於它可以當作食物，更得注意不可受到污染。

◉鋸木屑

鸚鵡、松鼠繁殖時經常會使用的窩巢材料，還有倉鼠的地面材料，一般在市面皆可買到。比稻草、報紙柔軟，雖然容易髒污，卻是窩巢最適合的素材。由於鋸木屑具有木頭的香味，還能消除籠內的臭味。

市售稻草可供兔子和倉鼠使用

◉報紙

保溫性、吸濕性良好，而且容易取得。也可和其他材料並用。其實地面材料雖非必要，如能舖上一層舊報紙，清掃時方便多了。缺點是看起來不雅觀，而且發現動物會吃報紙時，就要拿走，因為印刷的油墨對動物不好。

◉毛巾、破布

這是大型的哺乳類動物經常使用的地面材料。如果是從小時候就開始使用的毛巾，會染有動物的氣味，當更換籠子時若能帶著這毛巾，容易讓動物安定下來。

◉排泄盆的砂

貓用的排泄盆砂具有吸濕性、防臭性，如

果能在籠子底部舖上一層砂，會比較適當。但是石頭和紙經常會結成塊，甚至和掉下來的食物混在一起，而動物可能撿起來吃，造成腸子阻塞。因此要注意不可讓食物混在砂中。

◉碎石

飼養金魚、熱帶魚經常會使用的碎石子，有時候也會用於飼養爬蟲類和蠍子的籠子。不過動物若有採食昆蟲的習慣，可能就要注意一些，例如烏龜等，會把混有碎石子的食物吃下去，那就不能使用碎石子。

◉泥土、腐葉土

這是昆蟲、爬蟲類、陸上的兩棲類經常會使用的地面材料。它比碎石子更具保濕性，適合不耐乾燥的動物，而且吃下去也不會造成阻塞的困擾，缺點是粘在動物身上會顯得骯髒。在園藝上經常使用的鹿沼土，一旦含有濕氣就會變色，因而很容易判斷，所以常用。

腐葉土是落葉發酵而成的，也是蜣螂蟲的食物。

這種土在園藝店也買得到，不過要注意有時這種土中會含有化學肥料和促進發酵的藥劑，因此，最好購買專為飼養昆蟲而製造出來的。

◉水苔

園藝上經常使用乾燥的水苔。由於它具有很好的保濕性，一般飼養兩棲類寵物時，會使用濕水苔。由於它也具有抗菌性，比使用脫脂棉、衛生紙來得好，可以除臭、壓抑雜菌。爬蟲類孵卵時，可以使用水苔。

◉腐質土

堆積於沼澤附近的水苔，比前述的水苔更接近泥土，也可在園藝店中買到。它具有抗菌性，比泥土、腐葉土更能抑制雜菌、黴菌的繁殖，且具保濕性。

◇巢箱

動物都會自己做巢，只有在覓食時才會離

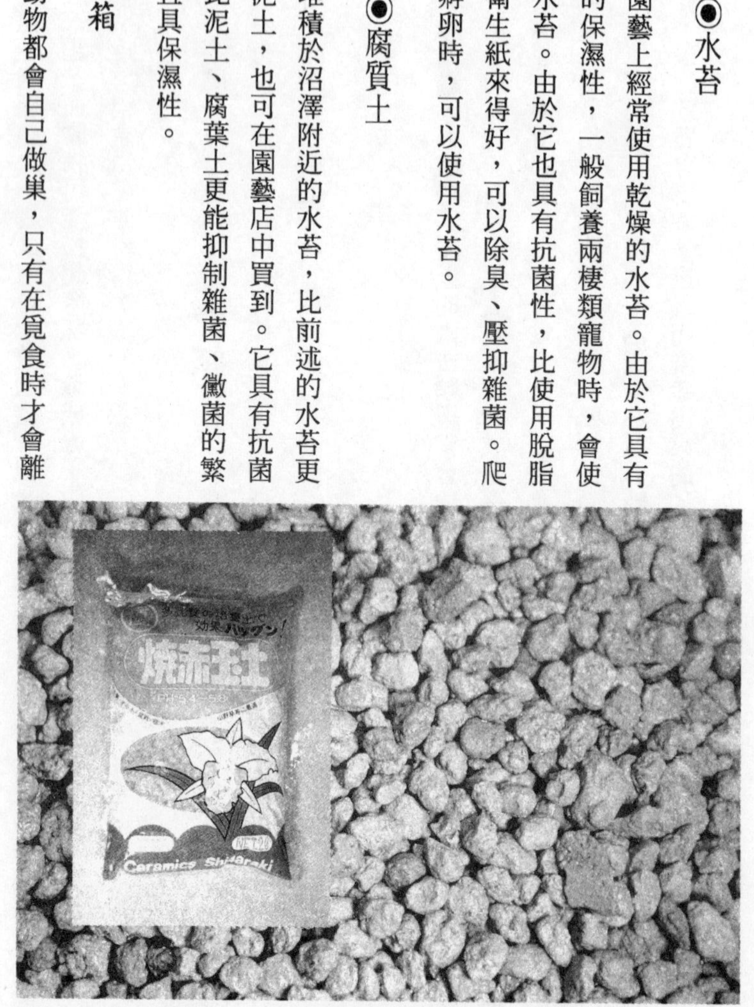

素燒的小土粒之使用方法和碎石子一樣

巢。尤其是夜行性動物，白天必須窩在幽暗的巢穴中才能安心地睡覺，因此巢箱是必要的。而且繁殖時，牠們也需要巢箱才感到安心。

市面上賣的巢箱，適合小鳥和小型的齧齒類動物。如果是較大的動物，就要自行動手為牠們做巢箱。

小鳥用的巢箱有各種材質和形狀，飼養的小型動物也可使用。不過這些巢箱大都是稻草或木製的，用來給齧齒類當窩易受破壞。

此外，亦可用花盆、金魚缸當作蛇、蜥蜴的巢箱。

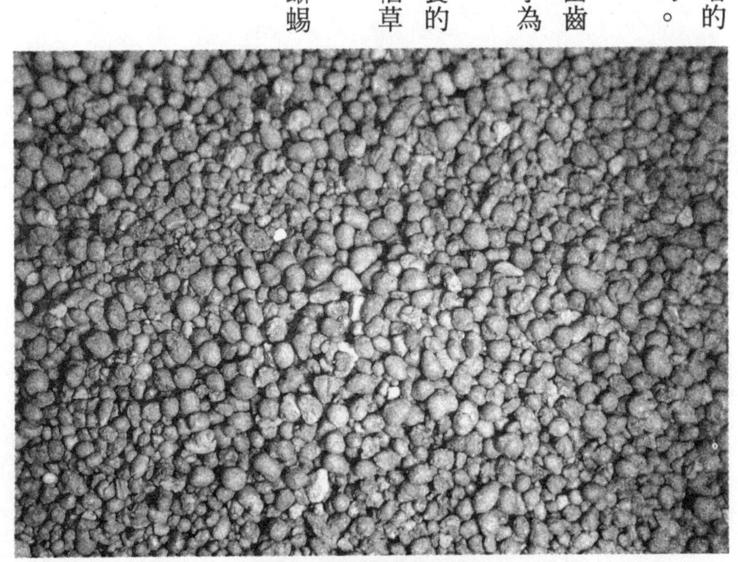

適用於玻璃箱的煉石

第五章

日常管理

●每天的照顧

飼養寵物最重要的是每天的照顧。不管是食物、飲水或清潔工作，每天都要做，這也是成功地飼養寵物的最高秘訣。每天和動物接觸，可以觀察到牠們的情況，了解是否生病了。

小動物的身體一旦失調，很容易就會生病，而一病了便很難治好，所以預防重於治療。每天的照顧是很重要的，不可疏於觀察。

◇食物、飲水

動物的健康可從食量看出端倪。根據動物的種類和季節變化，有時會出現暫時性拒食現象，像這樣突然拒吃或是食量減少，會造成身體失調。飼主是最了解寵物狀況的人，因此餵食時不光只是給與食物，還要觀察個別的攝食情況，因為體型瘦弱的經常會吃不到東西，必須特別留意。

此外，也要留意食物、飲水是否新鮮。一旦動物吃了不潔的東西，很可能引起下痢而死掉。特別是給與生的魚、肉，更要當心。

◇掃除

一發現有食物剩下或排泄物時，最好立刻清理，因為動物會踐踏到排泄物，再用污染過的手取食，這是非常不衛生的。

同時也要觀察食物剩下的量和排泄物，如果剩下的量較多，就要注意是否下痢、健康狀態有問題。如果體內有寄生蟲，可從糞便觀察得到，不能輕忽。同時要小心勿讓其他動物和孩子接觸排泄物，以防感染。

當巢箱的材料發臭時，就要立刻更換。若是動物處於繁殖期，或是對主人還不習慣，可能會比較神經質，必須留意。鳥類經常會長蜘蛛、壁蝨等的寄生蟲，在更換巢箱或清除排泄物時，要仔細觀察。尤其經常在所站的橫木上發現。

地面材料舖土的昆蟲常會長壁蝨，必須注意。一般巢箱是三個月更換一次，更換時要用

注意食物和飲水的新鮮

排泄物要立刻清除，且仔細觀察

熱水充分洗滌，並經日光曝曬。其他的飼養用品也要加以消毒。

◇洗澡

一般動物的體表會分泌出油脂，像鳥類會自行在羽毛塗上油脂，防止身體變髒。當然，養在家裡的寵物不會受到風吹雨淋，比較不髒，若是身體沾上糞便，表示飼主的管理不當。這些小動物原本是野生的，都會有種體臭，不要因為過度在意臭味而清潔身體，這會把體表的油脂洗掉，使得毛皮失去光潤。

可是，身體已經發臭或是體毛受到污染，就要幫牠們洗澡了。水溫比體溫稍高，約是攝氏35～38度。人類洗澡的水溫對動物來說都太熱了。當然，像浣熊、水獺這些動物喜歡玩水，然而有的動物不喜歡碰水，這時可以用溫毛巾幫牠們擦拭身體。

此外，有些寵物店可以買到乾洗的清潔劑，這也很方便。

注意要在溫暖的地方讓牠們完全乾燥，以免感冒，尤其是小型動物，可能因而凍死。夏天時可讓動物自然乾燥，至於寒冷的季節，還是要幫牠們擦乾。

喜歡洗澡的小鳥、蜥蜴、蛇的籠內，可以預備一盆洗澡水。至於烏龜，可以用牙刷幫牠洗殼。基本上，不喜碰水的昆蟲，就不需要沐浴了。當蜣螂的背部髒了時，可用濕棉棒幫牠們擦拭。

◇運動

動物要健康，就必須運動。但是本書所介紹的小動物，並不需要像狗一樣每天出門散步。有些小動物和人類很熟，例如哺乳類、鸚哥等大型鳥類，就可以讓牠們到籠外散散步。

帶著寵物到戶外曬曬太陽，可以預防佝僂病的發生。或者．讓牠們在飼主身旁走走，不過，一旦動物脫逃，無法保證一定會回來。

外界的人、汽車、貓、狗，都會使小動物受到驚嚇而逃跑，但是牠們又不像貓、狗那樣認得回家的路，一旦離開飼主身旁，可能就回不來了。雖說帶著寵物出外是件愉快的事，但牠們並不是被人牽著走的動物。

例如，爬蟲類、兩棲類、昆蟲等小動物，如果籠內有足夠的運動空間，飼主就毋需操心。相反的，將牠放在陌生的環境，被陌生人觸摸，會造成動物的壓力。甚至於有些動物在察覺飼主有意將牠們帶出籠子時，會用鼻子、爪去碰撞牆壁，導致自己受傷。

像烏龜這種很安靜、動作緩慢的動物，可

和哺乳類一起玩是很快樂的事

以帶出去做日光浴。等到習慣以後，牠會主動親近飼主，以示想做日光浴。

哺乳類等其他動物也是一樣，如果飼主關心牠們，寵物就會很有生氣，而且願意主動親近主人。若是發現寵物不喜歡人的觸摸，不要勉強地將牠抓出籠子。

●華盛頓公約

正式的說就是「對於即將絕種的野生動植物有關的國際貿易條約」。目的是針對即將絕種的動植物，在貿易上和商業行為上施加壓力，限制商業目的性的貿易活動。

以前，只有一些珍貴的種類才受到這項公約的保護，但是由於一些走私事件經披露後受到矚目，為了減少誤解，因而簽下這項公約。不過，並非公約上指出的動物完全禁止進出口。適用於華盛頓公約的品種，必須取得正規的許可證明方可進口。可是，走私事件還是時有所聞。

不過，在簽訂公約之前就已經進口的動物，或是進口之後繁殖出來的第二代，則不受公約的限制。其實大家經常看到的仙人掌，有些品種即是華盛頓公約的保護對象，我們所看到的仙人掌，大都是在國內栽培出來的。

華盛頓公約實際上對於需要保護的動物、植物。另外有附屬的分級Ⅰ、Ⅱ、Ⅲ，規制得很清楚。

第Ⅰ級記載了受保護的種類，以及瀕臨絕種的品種，除了學術研究的目的之外，禁止各種商業活動。

第Ⅱ級針對即將絕種的動植物限制取得，若要出口必須取得原產國的出口許可。

第Ⅲ級說明原產國為了保護這些動植物，需要其他國家的協助時，必須出示出口許可證及原產地證明，才能進出口。第Ⅲ級還記載著即將滅絕的動植物受到簽署國家和某些地域團體認可，但在其他未簽約國家卻沒有受到限制。

本書所介紹的動物中受到華盛頓公約限制的有全部靈長目動物、大型鸚哥、猛禽類、陸上烏龜科、蟒蛇科、綠鬣蜥蜴等。這在第Ⅱ級都有記載，必須取得正規的許可才能進口。至於南美天竺鼠、墨西哥火蛇等，在第Ⅰ級中明白表示除了研究的目的外，禁止進出口。

不過，若是向將動物當作實驗動物或取得毛皮用的家畜來飼養的國家購買，則不成問題。其他受認同的例外是馬來西亞的亞洲 arowana 這種魚（這也是走私最多的熱帶魚），有規定每年可出口幾條魚。

一般走私的都是當地成熟的野生動物，或是幼期。幾乎所有的成熟動物在被捕時都會受到驚嚇，而且野生動物很難習慣人類的接觸（除非是剛出生或自卵開始孵化的情形）。

由於採集、運送（進出口）的處理過程粗糙，動物容易生病、受傷。然而正規輸出的動物大都是在原產地周邊養殖的較多，幼小的動物在進口時會受到嚴密的保護、比較不會被驚嚇到了，因此飼養上也容易些。甚至在這之前就受人類飼養，所以對人不感到陌生。並不是所有的小動物都用來當寵物，因此盡可能要選和人類能夠接近的品種來飼養。

如此一來，受到飼養的種類就沒有絕種之虞。而且在國內就能維持，供給需要的人，便再也不必擔心絕種的危機了。

尤其是華盛頓公約中所指定的動植物品種都是走私進來的，就不能飼養。

不過，既然是公約中規定的種類，價碼一定很高，而且飼養上也比較困難，所以不能當作一般的寵物。

第六章

哺乳類的飼養方法

●倉鼠的飼養方法

倉鼠的品種中，自古以來就和人親近的是金倉鼠，而近來最受人歡迎的是矮小種的倉鼠。金倉鼠是屬於鼠科齧齒鼠屬，矮小倉鼠的屬類並不清楚，據說是姬齧齒鼠屬的飼養品種。

金倉鼠是敍利亞的野生品種，是目前寵物與實驗動物中的金倉鼠兄弟，繁殖力強，而且容易飼養。

照顧

金倉鼠和矮小倉鼠基本上是單獨生活的動物。牠們看起來雖然可愛，卻很喜歡打架，尤其飼養一對倉鼠時，體型較大的母倉鼠會把公倉鼠殺死。一般寵物店是賣一對，但是飼養時最好分開來，如果是一起出生的手足，共同飼養，較少打架。

倉鼠的繁殖力很強，只要好好照顧，牠們就會一直繁殖下去，如果飼養的目的不是為了繁殖，最好花較高的價錢只買一隻回來飼養。

倉鼠的體型胖嘟嘟的，確實有容易發胖的傾向，所以籠子的空間要寬廣，而且設置旋轉車供牠運動，並時時將牠帶到籠外走走，以免過胖。

基本上，倉鼠是夜行性動物，所以有時候人類睡覺時，倉鼠反而在籠子裡玩得不亦樂乎。因此睡前最好讓牠玩累一點。一般壽命約是二年。

食物

在自然環境中，倉鼠是以樹木的根和果實、大的昆蟲、小動物為食，為雜食性動物。大概有很多人以為牠們是草食性動物。市面上販賣的倉鼠都使用人工飼料，因此，可能缺乏動物性營養，若是不提供動物性食物，可能互相殘殺，所以經常要供給狗飼料、小魚乾等動物性食物。特別是懷孕的母倉鼠，在寒冷的時期更要提供充分的營養。

普遍是以市面上各種專用的人工飼料為主食，當然，也有以向日葵種子為主食的，像這種可能會造成營養的偏失，所以務必提供其他的食物和營養補助食品。

倉鼠

籠內的飲水很容易被弄髒，所以不要使用盤狀器皿，儘量採用桶狀容器。飲水和食物不可短缺，才不會引起互相殘食的情形，同時注意是否新鮮。不過，倉鼠若是飲用過多的水可能造成下痢，因此盡可能提供蔬菜補充水分。飲水大概二～三天給一次，最好視情況而斟酌。

籠子

市面上也有販賣倉鼠用籠子，不過最好是使用大一點的籠子，所有的出入口最好都有門栓，以防脫逃。一般籠子的大小約爲三十公分，可以單獨飼養或養一對（以不會爭吵為前提）。如果不是為了繁殖，可以使用稍大的籠子或兩只小型的籠子將牠們分開飼養。遇到生產時，要將公倉鼠隔離，或另外準備一只生產用的小型籠子，而剛出生的一群倉鼠可以放在一只大籠子裡飼養。

也可以用水槽、塑膠盒、鳥籠來飼養倉鼠，不過水槽和塑膠盒比較悶熱，夏天時要注意通風問題。相反的，籠子在冬天時過於通風，水槽和塑膠盒反而較好。鳥籠的出入口如果沒有栓好，倉鼠可能會脫逃，因此要用鐵絲把出入口綁好。還有，鳥籠的鐵絲縫隙太大時，剛出生的小倉鼠可能會掉出來，必須留意。

市面上所見的地面材料有鋸木屑、稻草、乾草、舊報紙做成的，而生產時也可當作巢箱使用。此外，籠子底部最好舖上一層砂，抑制臭味，當它發出臭味時，就要更換地面材料。

繁殖

飼養一對倉鼠時，母倉鼠常會在不知不覺間懷孕、生產，當你將一對分開的倉鼠放在一起，經過不久牠們開始打架，這時就可以算日子了。

一般判別雌雄，當倉鼠成熟時可以看得出來公倉鼠的睪丸，未成熟的倉鼠可從肛門和生殖器的距離來判斷，離得較遠的是母倉鼠。

比較早熟的小倉鼠，在出生一個月後就有繁殖的能力。到寵物店購買時可挑體型較大者，這種的繁殖力比較強。但是倉鼠未成熟就繁殖後代，可能造成死產，因此自寵物店買回來後，最好經過二～三週，讓牠們長大些，再來繁殖。當然，先要確認性別。

繁殖時期最好有巢箱設備，當然，就算沒有巢箱還是一樣能夠生產。當作地面材料的稻

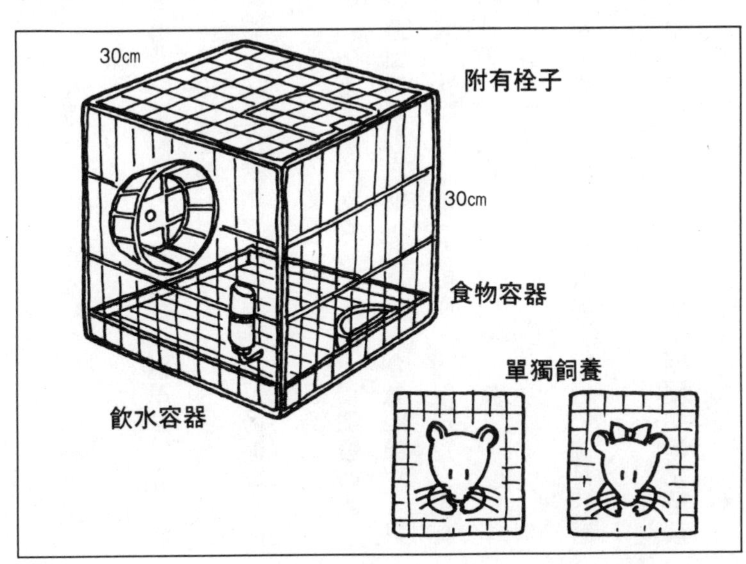

草、報紙，母倉鼠會咬碎，作為生產用的巢箱。

幾乎一整年都是繁殖期，不過很少在夏天或冬天生產，一般皆在春秋兩季。普通的話，一年可以生產二～三次，如果照顧得好，甚至可以生產三～四次。

懷孕期大約是十五天，在這期間，母倉鼠變得非常神經質，最好將公倉鼠單獨飼養。飲水和食物不可短缺，由於狗食的營養價值較高，可以提供這種飼料。如果沒有必要，不要去窺探或移動籠子，可能會被咬。從懷孕期到哺乳期，注意食物和飲水不要缺乏，否則母倉鼠可能會吃了小倉鼠。

小倉鼠出生後十天左右，自己就能從巢箱中爬出來。這時候要特別小心不可隨意碰觸，否則母倉鼠會咬死小倉鼠。在小倉鼠完全脫離母倉鼠的照顧之前，就交由母倉鼠照顧吧，只要留意充分供給食物和飲水。經過二十～二十五天，小倉鼠才能完全斷奶，可是母倉鼠也有可能殺害斷奶的小倉鼠。所以，若是小倉鼠已經斷奶，就把牠和母倉鼠分開來養。

一般而言，只要母倉鼠沒有受到過大的壓力，是不會傷害小倉鼠的。

如果還要繁殖，把小倉鼠和母倉鼠分開後，要供給母倉鼠充分的營養，經過一個月的體力恢復，再讓牠和公倉鼠住在一起。

以上所述是金倉鼠的情況，而矮小倉鼠也是同樣的繁殖方法，不過懷孕期間和斷奶時期略有差異。由於種類、雌雄倉鼠的配合不同，有的容易繁殖，有的不易受孕。

其他的注意事項

教人意外的是，倉鼠這種看來可愛的動物，卻有殺害、殘食小倉鼠的現象，甚至會咬人。一旦發生殘害小倉鼠的情形，可能會養成習慣，還有人說倉鼠咬人會遺傳。

倉鼠的個性因個體而有很大的差異，有的脾氣暴躁，有的性格溫馴，一般而言後者比較好養，易與人親近。

到寵物店選購時，如果倉鼠看見人就跑走、發怒，通常脾氣比較暴躁，有的雖然醒著，但是被人碰觸也不會有劇烈反應，還是保持不動，個性就比較穩定。暴躁、倔強的倉鼠比較難以馴服，而且容易受到驚嚇，當牠們睡覺或吃東西時，若是有人突然接近，可能會不意的咬人，所以要碰觸牠們之前，最好先輕敲籠子，讓牠們有所準備，才不會受驚。

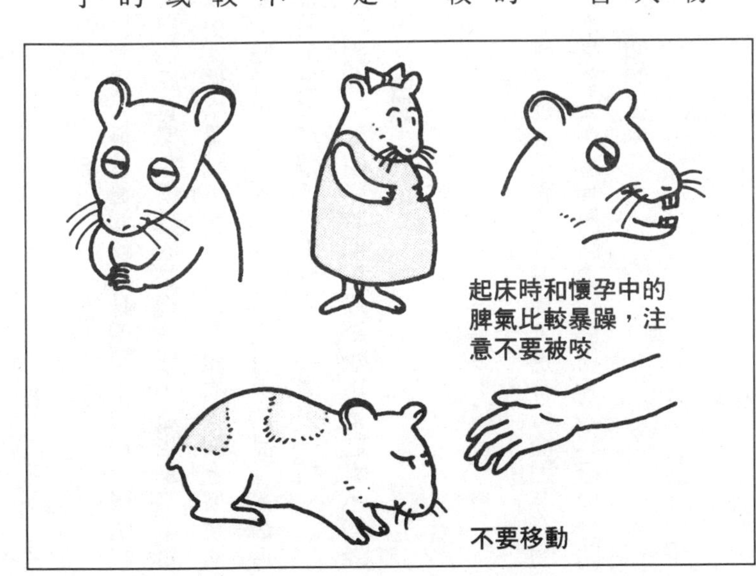

●老鼠的飼養方法

一般以老鼠為名販賣的都是實驗用的二十日老鼠，最普通的就是身體呈現白色、眼睛紅色，甚至有灰色的、茶褐色的、全身黑色的。白色底有黑色模樣的是狗熊屬，這也是二十日的品種。一般狗熊屬被當作寵物販賣，體型較小、性格溫馴，所以適合當寵物，加上價錢便宜，因此很受歡迎。實驗用老鼠很少拿來販賣，聽說還有一種裸鼠，是沒有毛的品種。最近還有販賣比較珍奇的通心粉鼷鼠和針鼠，品種還不是很清楚，但飼養方法和老鼠一樣。

一般老鼠是被當作餵食其他動物的活食物，因此一年中隨時都可以繁殖出不同大小的老鼠，有時候正值動物繁殖期，食量較大，還得另外購買小老鼠。

照顧

老鼠比倉鼠溫馴，比較不會打架，但是一個籠子裡如果養了太多隻，也有可能因為食物、飲水缺乏和空間狹窄而互相殘食。由於老鼠常是養來作為其他動物的食物，因此很少分開來養，但是為了避免互相殘食，在繁殖期最好分開飼養。

食物

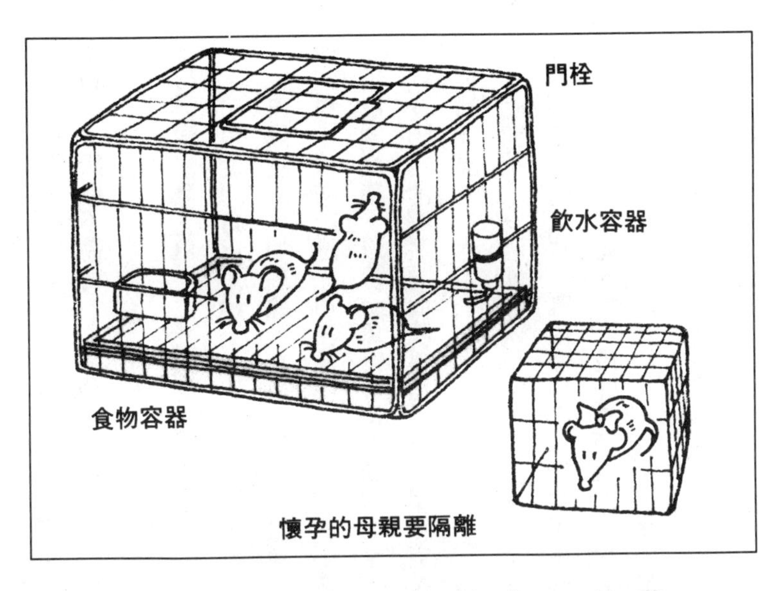

懷孕的母親要隔離

老鼠是什麼都吃的雜食性動物，身體雖小，食量卻很大，因此給食要充足。倉鼠以向日葵種子為主食，配上雞的調和飼料，這可以說是非常便宜的食物。

由於老鼠的體型小，不耐寒，容易受凍，尤其是冬天，為了避免老鼠凍死，必須提供狗飼料和花生等營養價值較高的食物。

在價格上來說，當然也可以提供牠狗飼料，但是為了避免過胖，有時候要加入一半蔬菜。貓食容易成為過胖的原因，要小心。

其他的人工飼料、餅乾、蔬菜、起士等，都是牠們喜愛的食物。

籠子很容易弄髒，最好使用桶狀的飲水容器。

如果使用盤皿裝水，很容易讓老鼠弄濕身體，因此儘量少用這種容器。

老鼠和倉鼠、沙鼠一樣，是乾燥地帶的原產動物，所以不需要太多水分。

籠子

可以使用倉鼠用籠子，出入口有門栓較好，也可以利用小型鳥籠，在出入口綁根鐵絲當作門栓，預防脫逃。可在籠內放置木製的小鳥或松鼠的巢箱，以及金魚缸等當作隱密的家。牠們會因為消解壓力而咬巢箱，所以巢箱算是一種消耗品。

底部舖上一層砂，或是稻草、鋸木屑，能夠抑制籠內的臭味。雖說體型小，卻是很會吃，因此籠子很容易弄髒，最好一週清理一次。

繁殖

老鼠出生後二個月，就具有懷孕的能力，

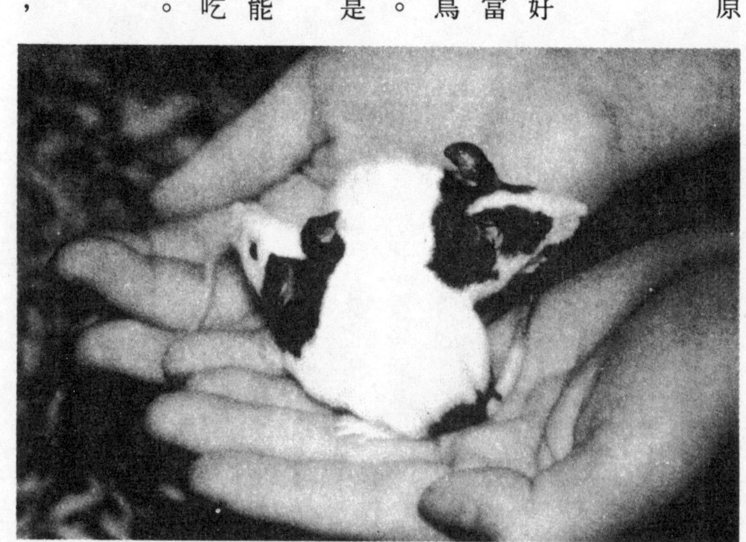

狗熊鼷鼠

懷孕期約為二十天。只要環境適當，老鼠幾乎是一整年皆可生產，甚至一年生五～六次，一次可產六～十隻。如果一個籠子裡要養一群老鼠，必須把懷孕的母老鼠另外分開來養，讓牠在安靜的環境中生產。出生後的小老鼠經過二個禮拜左右才會自己走路，約三週後才能斷奶，在這期間最好不要去動小老鼠。

當老鼠有精神壓力時，也會攻擊小老鼠，甚至把牠吃掉，所以儘量不要去碰觸或窺伺小老鼠。老鼠有時候會厭惡小老鼠身上沾有人類的氣息，因此在給與食物和飲水時，都不要去碰觸小老鼠。

其他的注意事項

和倉鼠一樣，飲水、食物不可以短缺，以免造成母老鼠攻擊、吃食小老鼠的現象。一旦發生這種情形，母老鼠以往再生產時，就會習慣性的殘食小老鼠，因此，如果是以養殖為目的，在最初的繁殖期就要注意不可發生這種情形。若是發現母老鼠會攻擊小老鼠，就不要讓牠再繁殖後代，以絕後患。

如果一個小籠子內養了很多老鼠，就要注意保持地面材料的清潔，同時不要讓小老鼠咬到。

●沙鼠的飼養方法

沙鼠本來也是實驗動物，因而大量繁殖。毛色一般是灰褐色，也有白色毛、紅眼睛的種類。大小和倉鼠差不多，尾巴較長且長毛。原產地是蒙古的乾燥草原，一般係集體生活，藏身地下，因此比倉鼠和老鼠較溫馴，鮮少發生打架或殘食的情形，所以較容易飼養。但牠們不像倉鼠那麼活潑好動。

照顧

方法和倉鼠差不多，由於牠們生性溫馴，可以在一個籠子裡養一大群。沙鼠也是夜行性動物，在晚間比較活躍，不過牠們有憂鬱症的傾向，不喜歡受到聲音的干擾或被移動。

食物

基本上是以植物性食物為主的雜食性動物，和倉鼠、一般的老鼠差不多。可以把倉鼠的食物，如狗飼料、向日葵種子當作主食，再搭配蔬菜和營養輔助食品。牠們不太愛喝水，可以二～三天才提供一次飲水，籠子也比較不會弄髒。

籠子

沙鼠很令人意外的會長得很大，所以如果養一群時，要用比較大的籠子。冬天時要注意寒冷，夏季則因牠們不耐熱，千萬不要養在水槽裡，應該使用通風良好的籠子。可利用養倉鼠的籠子，大約三十公分左右的籠子可養一對沙鼠。

繁殖

懷孕期間約十五天，只要提供適當的環境、溫度，並補充母老鼠的體力，大約三個月大就可以懷孕，而且一年皆可繁殖。一般養在室內，春秋兩季可繁殖三～四次，每次能生四～五隻小沙鼠。

繁殖時的注意事項和倉鼠、一般老鼠大同小異，但牠們鮮少攻擊或殘食小沙鼠。

其他的注意事項

沙鼠在夏秋之間會更換夏毛和冬毛，所以

沙鼠

在初春和仲秋時節會掉毛，甚至有禿毛的情形。這不是生病，不要擔心。

●天竺鼠的飼養方法

天竺鼠和倉鼠、一般老鼠是不同的，牠不屬於鼠科，而是天竺鼠科，現在已成為實驗動物的代名詞。原產地是南美，聽說那兒的人當作家畜飼養，到了十六世紀時被引入歐洲，而成為實驗動物和寵物。為人類飼養的歷史悠久。

天竺鼠的白化種也被當作寵物飼養，主要是黑色、白色、茶色三種顏色，毛有捲毛、長毛和短毛，最引人矚目的就是捲毛的品種。體型短小粗胖，較倉鼠大。

照顧

牠們有群居的習性，可能是因為當作家畜飼養而馴化了，個性溫馴，很少吵架，可以成群飼養。一般不會殘食同伴，除非環境太惡劣了。

由於體型的關係，不像老鼠那樣會跳、攀登牆壁。一般是腹部接近地面，在地上爬。尤其是捲毛種和長毛種，容易弄髒身體的毛，特別要保持籠子底部的乾淨。

基本上這種動物很好養，但要注意牠們不耐夏天的暑熱和濕氣，所以夏日時不要把籠子悶在室內。

壽命較長，大約可活五年。

食物

天竺鼠完完全全只吃植物性食物。當然，也可以給與倉鼠的食物，如專用人工飼料、向日葵種子、蔬菜等。天竺鼠和人類一樣，無法在體內合成維他命C，因此，要提供營養輔助食品、維他命劑、水果等。

水果和水分毋需太多，在夏天時和小天竺鼠時期，可用桶狀容器提供飲水。

籠子

雖然體型較大，個性並不活潑，可以養在較小的籠子裡，一般以四十公分左右的籠子養一對為標準。極易受驚而亂跑，但因體型較大、動作遲緩，導致腳容易夾在縫隙間而骨折。

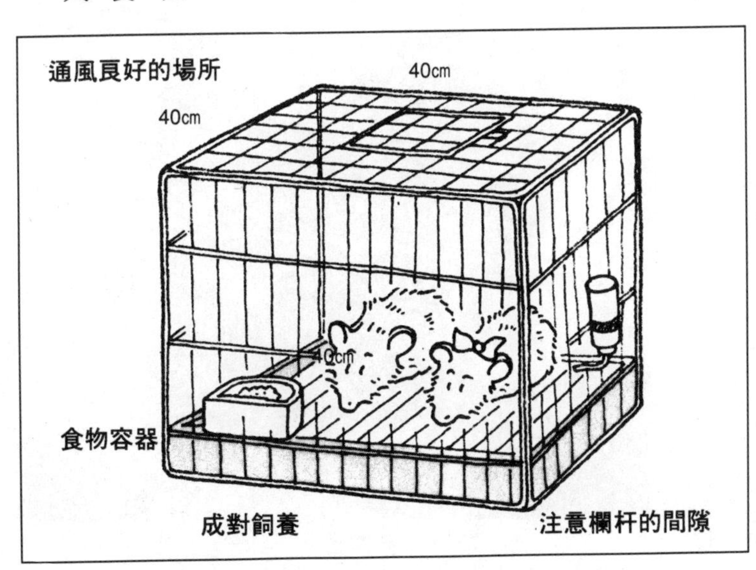

所以，籠子底部最好使用木板，或者注意縫隙大小。夏天時不要養在水槽裡，宜使用通風良好的籠子。

繁殖

在出生三個月後就具有生殖力，一年四季皆可繁殖。懷孕期間約是七十天，比其他的齧齒類動物都長。生出來的小老鼠眼睛已經張開，身上長毛，也會走路了，而且有牙齒，可以吃較柔軟的食物。不過在二週內還是讓母鼠餵奶較好。

●斑紋松鼠的飼養方法

斑紋松鼠是齧齒類動物，和老鼠同類。門齒（前齒）發達，以植物為主食，類似雜食性動物。動作敏捷，喜歡爬樹，不怕高。如果從小飼養，牠們會爬到主人的肩膀、身上，非常可愛。可是也由於動作快，脫逃的機率亦大，

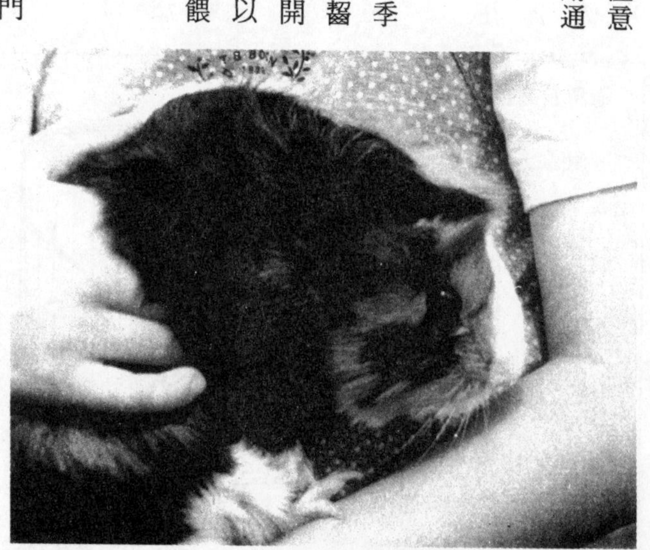

天竺鼠

所以使用專用項圈和繩子會比較安心。

照顧

小松鼠如果從小就由人類飼養，會比較和人親近。當幼鼠走出巢箱、離開母鼠時，就可以訓練牠在人的手上進食。最初可用攝氏30～40度（體溫）的牛奶餵食，一天用滴管餵三～五次，慢慢的可加進麵包和柔軟的食物。市面上就可買到當年生產的小松鼠，當牠們稍大時，亦可採用這種飼養方法。剛開始牠們易受到驚嚇，最好隔網餵食，等到牠們熟悉從人的手上取食時，才將手伸入籠子的出入口，直接餵食。慢慢的，當松鼠習慣了，就會從人的手上取食，而後不再害怕人的接觸，這就成功了。

還有，要讓牠熟悉人的聲音，因此在餵食時，要溫柔的和牠說話。牠們一旦受到人類聲音的驚嚇，就會非常怕生，那又要重新來過。所以一開始避免聲音過大、動作急促。

食物

一般人都以為松鼠只吃堅果，其實牠們也吃昆蟲，是雜食性動物。所以，也要給與動物性食物。當然，牠們很喜歡吃像堅果、栗子等樹木的果實，而在剝殼時也可以磨牙，同時玩耍。主食可提供人工飼料或向日葵種子，並以水果補充維他命，至於核桃和穀類的蟲則可當作點心。斑紋松鼠較其他齧齒類容易得到佝僂病，因此必須提供鈣劑等營養輔助食品。

籠子

體型小，但是非常活潑，所以空間要大，而且越高越好，利用養鸚鵡的籠子可以飼養一對斑紋松鼠。牠們喜歡攀登樹枝，而利用旋轉車也可以讓牠們運動。由於松鼠是脫逃能手，所以出入口要用鐵絲栓好。市面上亦有販售松鼠用籠子，會比鳥籠來得好。

松鼠一般是生活在樹上，所以要使用鸚哥用的木製巢箱。

訓練牠留在手上，可以在手上餵食

繁殖

繁殖期在初春，發情的公松鼠會發出尖銳的叫聲，追著母松鼠到處亂跑。交配之後，懷孕的母松鼠會排斥公松鼠，所以要將牠們分開來養。母松鼠在巢箱之中為了預備生產，會將刨床的材料運到巢箱內，這時，要準備乾淨的鋸木屑或稻草供其使用。

懷孕期間約是四十天，一次可產四~六隻小松鼠。大約過了一個半月，小松鼠會走出巢箱，這時不要急著去接近牠，還是讓牠和媽媽多待一會兒。這期間，儘量不要去接觸牠們或窺伺巢箱，以免發生意外。如果是買回來的小松鼠，給與過多飲水會引起下痢現象，最好以水果和蔬菜來提供水分。

其他的注意事項

斑紋松鼠容易得到佝僂病，所以要注意補充鈣質和維他命，有時候也要帶出去曬曬太陽。不過牠們並不耐熱，容易中暑，所以隨時都要注意。

由於動作很快，要小心牠們脫逃。尤其是餵食時打開出入口，更要防範牠們乘機跑出來。萬一牠們跑了出來，也不要慌張的去捕捉牠們，因為飼主一慌張就會用力，反而讓牠們驚惶，甚至咬人。

●黑松鼠的飼養方法

特徵是通體黑毛，體型比斑紋松鼠大。除了黑松鼠之外，市面上也有賣蝦夷松鼠、絨松鼠、台灣松鼠等。

在伊豆大島和神奈川縣鎌倉市，有很多被遺棄的台灣松鼠，牠們破壞當地的農作物，甚至威脅到當地所產的松鼠，所以飼主要有良心，不可隨意的遺棄松鼠或讓牠們脫逃。

照顧

飼養方法類似斑紋松鼠，只是牠們不像斑紋松鼠那樣馴服，會棲息到人的手上。

食物

基本上可提供向日葵種子、堅果、水果等食物，同時以穀類的蟲、昆蟲補充蛋白質。一般也可使用人工飼料和營養輔助食品。

籠子

由於黑松鼠體型較大，個性活潑，所以籠子要大。不必太深，但是高度一定要夠，最少是寬一公尺、高一公尺、深五十公分，所以一般可利用養狗、養貓的大型籠子，有時得自製籠子。牠們比較能耐寒，所以也有在屋外製作小屋。自製籠子時，由於松鼠會咬東咬西，因

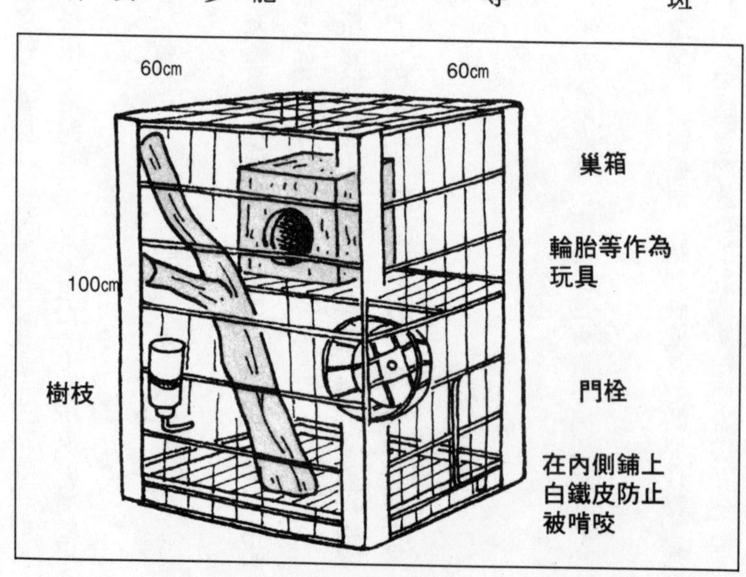

此在內側最好再鋪一層金屬網，或是鐵皮。還有，牠們也會挖土，要防止牠們在地上挖洞。

繁殖

資料不明確，一般繁殖期是三～五月，一次可產四～六隻小松鼠。大致情形和斑紋松鼠一樣。

其他的注意事項

利用斑紋松鼠的籠子帶牠們外出曬太陽，預防佝僂病發生。有時也可使用紫外線燈來照射牠們。

●鼯鼠的飼養方法

鼯鼠和松鼠同類，所以在飼養和繁殖方面也是差不多。這是夜行性動物，白天都在睡覺，到了晚上特別活潑。一般鼯鼠是日本本州所產的品種，但在寵物店也可買到北海道鼯鼠，體型比本州鼯鼠小，屬於亞種的大陸鼯鼠。

照顧

由於牠們是夜行性動物，眼睛圓大，看起來很可愛，加上個性溫馴，因而非常受歡迎，很適合當作寵物。

但是也因為牠們是夜行性動物，生活步調和人類相反，如果飼主無法配合，飼養之前最好多加考慮。

食物

和松鼠一樣是以植物性食物為主，但是，另外也要提供動物性食物。可以人工飼料或向日葵種子為主食，再補充水果、昆蟲。

籠子

最好使用松鼠用的有高度的籠子，讓牠能夠自由自在的跳動，當然，也可以自製小屋。為了讓鼯鼠白天能安心的睡覺，有必要準備巢箱。

繁殖

繁殖期是春天，一次可產下二～四隻幼鼠。懷孕期間約一個月，幼鼠出生一個半月後即可走出巢箱。

繁殖時的注意事項和松鼠一樣，在小鼯鼠可以自行進食普通的食物之前，最好都由母鼠負責照顧，不要去碰觸小鼯鼠。

其他的注意事項

有些鼯鼠和人非常親近，可以讓牠在室內遊玩，但是萬一進了衣櫥，牠自個兒出不來，必須特別注意。

放牠出來玩之前，要先關好門窗，而且最好是在沒有家具、電燈的房間，以免牠在跳躍時受到碰撞。

如果想和牠玩，最好是在鼯鼠剛起床時，當牠睡覺就不要去打擾。

●大草原之狗的飼養方法

其實牠名不副實，因為這也是松鼠的種類，但牠的體型較胖，有著短短的尾巴是其特徵。一般生活於草原，過著集體生活，會挖長長的隧道。大草原之狗的種類頗多，但在寵物店能買到的卻很少，大都是迷你型的。

照顧

個性溫馴，喜歡撒嬌，因而很受喜愛。但是牠們不喜歡待在高處，如果人類抱著牠們走路，可能會害怕。

由於牠們過著群居生活，可以在一個籠子裡養一群，但是公的會打架，所以最好飼養一對，或者只買一隻公的。由於體型較胖，所以平常要注意飲食，勿使牠們過胖。

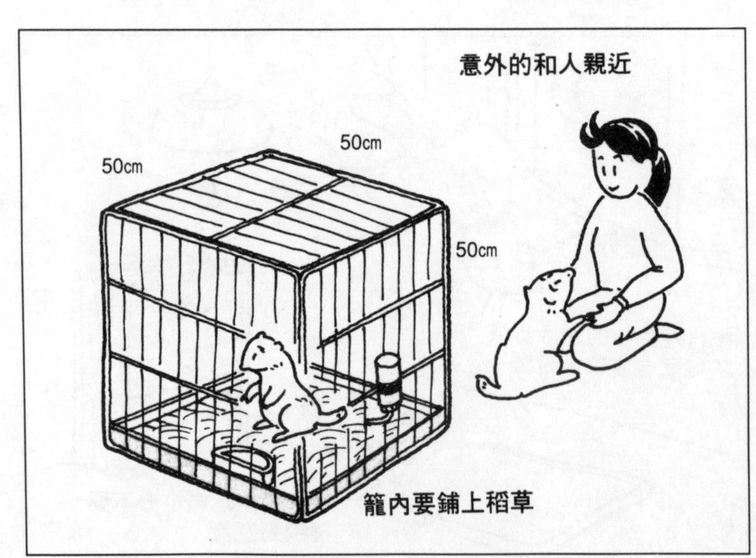

食物

偏向草食性，以植物性食物為主。通常以蔬菜、水果、向日葵種子為主食，再混合狗食或倉鼠、兔子的飼料。

籠子

由於牠們的活動空間並不像松鼠那麼大，即使體型稍大，也不需要太大或太高的籠子。像一邊四十～五十公分的籠子，就可以養一～二隻大草原之狗。如前所述，牠們容易發胖，所以有時候要抓出來做運動。因為牠們本來是生活於地底，若能讓牠們在籠子底部挖洞當然好，可是如此一來飼養上就困難了，所以不妨舖上一層稻草或乾草，讓牠們感到舒適。由於牠們也會吃稻草或乾草，所以地面材料要常保清潔。而且，要準備巢箱讓牠們更舒服。

繁殖

由於很難重視自然的巢穴，繁殖上比較困難。一般繁殖成功的例子不多見。

其他的注意事項

雖然牠們較為耐寒，但太冷時活動量也會減少。所以冬天最好將牠們養在溫暖的屋內。

●山鼠的飼養方法

山鼠和松鼠相似，但牠不屬於松鼠科，而是獨立的山鼠科。尤其是在日本，山鼠是珍貴的品種，被指定為天然紀念物。

在寵物店所買到的不是日本山鼠，而是從國外進口的非洲山鼠、歐洲山鼠。

照顧

體型比松鼠來得圓，小型的非常可愛，很受人歡迎。習性和松鼠相似，生活於樹上，以植物性食物為主，但是也吃昆蟲。

飼養方法和松鼠差不多。

食物

以向日葵種子、堅果類、水果為主，也可

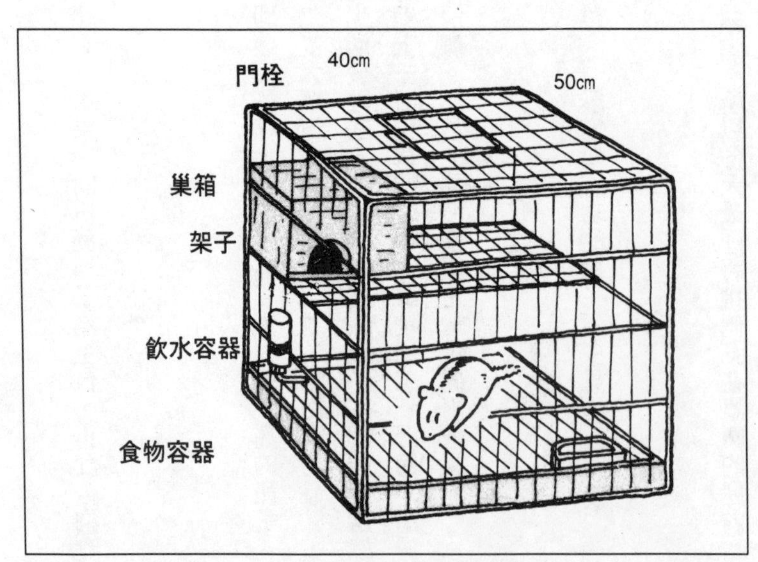

提供松鼠用的人工飼料和營養輔助食品。

籠子

可以採用松鼠用的較高的籠子，為了防止脫逃，門栓一定要綁好。

另外，要準備巢箱，牠們會把地面材料的稻草等帶進巢箱，自己做巢窩。

繁殖

很少聽到繁殖成功的例子。繁殖期在春天，只有一次，可產下三～六隻小山鼠。

睡覺時縮得像球

其他的注意事項

到了冬天，因為寒冷，牠們會縮在巢中冬眠。和其他的哺乳類動物冬眠一樣，幾乎都待在巢穴中，而且山鼠是真的在睡覺，即使你把手伸進去，牠們也不會醒來。所以冬眠是牠們的最大特點。如果你想在冬天也看到牠們，就要準備暖房。但是氣溫的變化是牠們繁殖的關鍵，如果使用暖氣，山鼠可能無法繁殖哦！

●南美天竺鼠的飼養方法

南美天竺鼠原產南美，是和天竺鼠非常相近的齧齒類。毛皮頗為知名，所以在濫捕之下幾乎絕種，因而華盛頓公約列為第Ⅰ級保護動物。寵物店引進的是養殖作為毛皮用途的種類，毛色為黑色、銀灰色、白色等。

照顧

牠們一生成對的生活，所以飼養時最好也是成對的。在齧齒類中算是長壽的，可活到十五年以上。

食物

體型較胖，看起來很不靈活，其實牠們的動作敏捷。

偏向草食性，提供向日葵種子、蔬菜、天竺鼠的飼料作為食物。

籠子

可以利用養兔子的籠子，一邊至少要有五十～六十公分寬。須有巢箱的設施。

繁殖

比起倉鼠和天竺鼠，繁殖上較為困難。懷孕期間約為一百天，一次可產下一～四隻的幼鼠。由於懷孕期間較長，和天竺鼠一樣的，生下來的幼鼠已有毛。眼睛張開，過幾天便可以吃一般的食物。好好照顧，一年可繁殖二、三次。

不耐熱

其他的注意事項

牠本來是生活於安地斯山標高三千公尺以上的高山，所以生性耐寒而不耐熱，因此到了暑夏時，要注意通風良好。還有，濕氣也不利牠們，時時注意保持地面材料的乾燥清潔。

●兔子的飼養方法

自古以來，人類就懂得利用兔子的毛皮和肉，當然，也有當作寵物的。目前飼養的種類很多，但是本來只有家畜兔子一種。家兔原產歐洲，屬於穴兔品種，但已家畜化了。國人最熟悉的當是紅眼睛、全身白色的種類，非常容易飼養，體型較大（在所有兔子中算是中型）。

不過說到目前最受歡迎的，應屬童話彼得兔中的那隻兔子，體型較小、耳朵較短，屬於荷蘭種。以這種荷蘭種改良出來的小型兔子，目的是為了養在家中，所以一般叫做家兔，很受歡迎。尤其是耳朵毛茸茸的，為安哥拉種和短小型交配出來的品種，十分受人喜愛。

照顧

兔子個性溫馴，幾乎可以跟在人的後面跑，但是帶著兔子外出時，最好還是用繩子牽著。

兔子幾乎不喝水，所以要充分補給蔬菜和生的植物，除非必要才供給飲水，否則一般是從食物中攝取水分。由於牠們很少喝水，如果籠子的濕氣太重，兔子容易生病。以前有種迷信「兔子喝水就會死」，但是兔子不喝水也會死呀！

如果是以乾燥的人工飼料為主食，就有必要喝水。而且牠們也不是完全不喝水，當夏天來臨時，就算已提供蔬菜，牠們還是會喝水，所以籠子裡還是要準備飲水容器。不過水喝太多了，會引起下痢的現象和身體失調，尤其是小兔子，不知道節制飲水量，因此，最好是提供蔬菜讓牠們攝取水分。容器以桶狀為佳。

兔子不耐熱，因此除了幼兔，並不適合養在室內，尤其是夏天時更要注意。還有，也不能養在向陽的地方和密閉的室內。

食物

兔子是草食性動物，提供蔬菜和人工飼料即可。如果只餵食蔬菜，不要只給葉菜類，也要提供甘藷、豆類、穀類等營養價值較高的食物。

籠子

如前所述，通風要良好。可以利用養貓的籠子，大概是五十～六十公分的長方形，可養一隻或一對兔子。如果成對飼養，牠們的感情並不好，最好分開來。尤其是在繁殖期，更要把母兔隔離開來，因此若是養了一群，最好另外準備籠子。兔子雖然不像倉鼠那麼靈活，仍

使用乾飼料時留必須提供水分

要防範牠脫逃，出入口最好用鐵絲或門栓關好。

鋪設的地面材料有時會被兔子拿去吃，因此要時常保持乾淨、乾燥。不必要準備巢箱，只要底部鋪層東西就很舒適了。

繁殖

兔子是很容易繁殖的動物，可以養來作為實驗動物。一年之中皆可繁殖，大半是在春秋兩季，交配之後要把公兔和母兔分開來養，以免影響母兔的情緒。交配時間是可以控制的，由於梅雨季節和盛夏的死亡率高，因而避免在此時生產。母兔在交配之後會發出清脆的叫聲，因此可以很明確的得知交配完畢，而且從母兔腹部膨脹的情形，便能知道懷孕了。

懷孕期間約是一個月，一次可產下五～七隻幼兔。母兔懷孕之後，就要和公兔分開來養，而且要準備稻草、鋸木屑等作為窩巢的材料。母兔會自己做巢，而且把身上的毛鋪在窩巢上，作為生產之用。因此發現母兔開始做窩巢時，就不要再去清理了，或者用黑布把籠子蓋住，避免打擾母兔。這時的母兔十分神經質，千萬不要去窺伺或碰觸，免得幼兔遭母兔殺死。反正食物和飲水一定不能短缺，否則母兔可能攻擊幼兔。

這和養貓一樣。有些貓和主人十分親近，即使在主人面前生產，主人碰觸小貓，牠也不會生氣。所以主要的問題是和主人之間的信賴關係。原則上，還是不要管，由母兔負責就是了。

幼兔經過二十天左右就能離巢，經過一個半月便能離開媽媽了。

其他的注意事項

兔子的排泄物有兩種情形，一是一顆顆黑色的糞便，也有柔軟的糞便。兔子不會分辨，又拿起來吃。這是兔子的習性，牠們無法將吃下去的食物完全消化、吸收，因而再將這些東西吃下去，重新攝取所含的營養。完全吸收之後再次排泄出來的糞便是黑色的。雖說牠們吃糞便很不衛生，但是營養缺乏可能致死，因此只要兔子吃的是自己所排出來的糞便，其實並不如我們所想的那麼不衛生。動物之中或者因精神問題而有吃自己糞便的習慣（這是疾病），但是兔子這麼做則為正常現象。

注意熱度和濕氣

●松鼠猴的飼養方法

照顧

松鼠猴是南美所產的中型猴子，小型的比較溫馴，適合當作寵物。

松鼠猴本來就是群居的動物，怕寂寞，所以和人類容易親近，甚至可以抱在懷中。有時候主人不理睬牠，會對松鼠猴造成精神壓力，而蓄意傷害自己的身體，因此飼主要多關心牠。

食物

屬於雜食性動物，吃水果也吃昆蟲。可以狗食等人工飼料為主食，再補充昆蟲和水果等植物性食物。此外向日葵種子、堅果類也是很好的食物。

籠子

由於松鼠猴生性活潑，籠子要大，給與寬廣的空間，同時提供樹枝讓牠攀爬。籠子可以當作睡覺的地方，平時就放牠出來和人玩耍，也不需要用到項圈和繩子。牠們的手很長，經常會伸出籠子的縫隙亂抓東西吃，因此，不能吃的就不要放在籠子旁邊。由於松鼠猴頭腦聰明、雙手靈活，尤其要注意電氣製品。

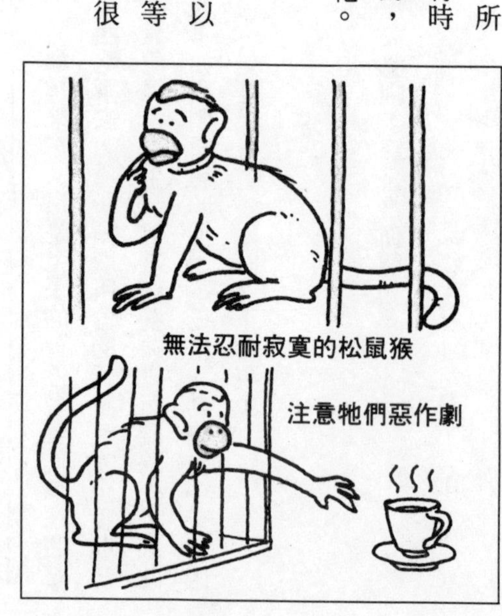

繁殖

大約三歲就已發育成熟，具有繁殖後代的能力。繁殖期是夏天，懷孕期間約半年，到了來年春天就會生下一～三隻小猴子。如果籠子不會太狹窄，也沒有爭吵的情形，不必把公猴和母猴分開來養。毋需特別備準生產用的巢，但是注意給與營養的飲食。

其他的注意事項

和其他猴類一樣，容易罹患人類的疾病，必須注意。購買時應先確認沒有赤痢、結核等疾病，而且飼養時也要避免得到人類的感冒症狀。

由於牠們性喜溫暖，冬天尤其要注意保暖。將牠們移到有暖氣設備的屋內時，避免讓松鼠猴接觸到電器用品。

●塞內加爾猨的飼養方法

被稱作叢林嬰兒，是非常受到歡迎的寵物。屬於靈長類，有靈敏的耳朵、大大的眼睛，非常可愛。牠是夜行性動物，白天幾乎都躲在巢箱中睡覺，如果想要在白天看到牠，可在這時候餵食。在分類上，有動作較遲緩和靈活的兩種。

照顧

比較小型的才容易飼養，而且動作活潑，和人類易親近。不過由於牠是夜行性動物，只能在晚上和牠玩耍。

食物

牠們比較傾向草食性，以樹葉、嫩芽、果實為食，但是也吃昆蟲。基本上可以狗飼料為主食，再給與昆蟲當作點心。

籠子

由於牠的體型較小，不需要太大的籠子，但因活動的關係，高度最好足夠。不妨利用養松鼠的籠子，但是出入口要用鐵絲拴好。為了讓牠白天能夠安心地睡覺，要準備巢箱。

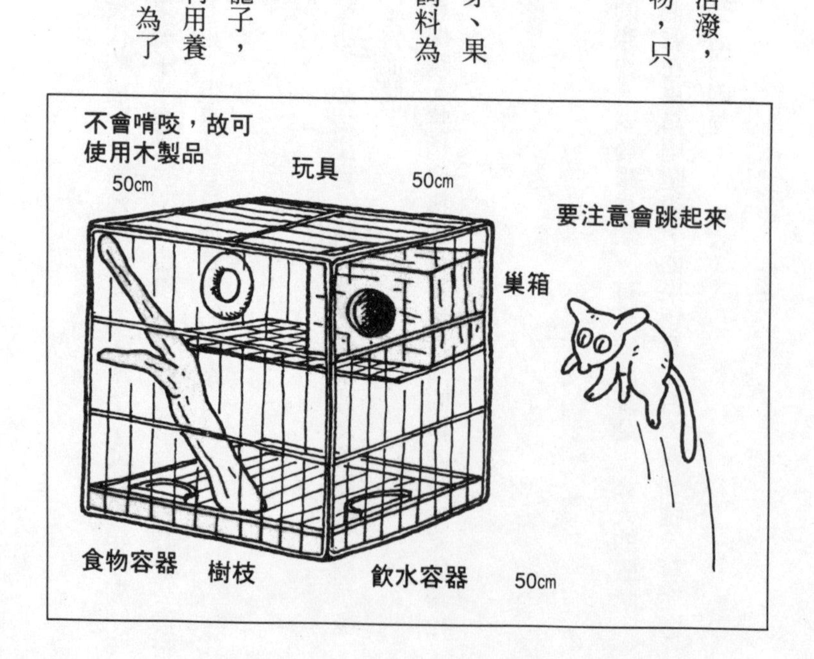

繁殖

生產期大都是在春初，懷孕期間約一二〇天，三個月左右就能斷奶。和其他猴類不同的是，母狟並不會抱小狟，而且巢大都在隱密的地方，因此一定要有巢箱。從懷孕到生產，必須提供安穩的環境，而且在幼狟斷奶前，都由母狟負責照顧。

其他的注意事項

由於牠個性溫馴，可以讓牠在屋內遊玩，但是避免碰撞到家具。冬季時一樣要注意保溫。由於牠的體型較小，亦可使用板狀加熱器。

●長尾猴的飼養方法

長尾猴散佈於亞洲、非洲等地。種類很多，一般被引進當作寵物的有非洲大草原猴、摩納猴等。

牠們的體型比松鼠猴來得大，牙齒和下顎有力，因此和牠親近時要特別留意。由於這類猴子可能是保育動物，因此購買前最好先了解相關的條例。

照顧

長尾猴的適應能力很強，相當好照顧，但牠容易染上人類的疾病，因此最好定期接受獸醫的健康檢康。

食物

牠們的消化器官強壯，幾乎其他動物不能吃的草和根，牠們都能消化。在飼養上，可以狗飼料、向日葵種子、各種穀物和家畜吃的玉米為主食，再補充水果和堅果類。

籠子

牠們的力量強大，所以，要使用堅固的籠子飼養。牠們容易緊張，經常會激動地啃咬樹枝，因此籠子的建材、地面材料、牆壁都要堅固，以免籠子被翻覆。

繁殖

到繁殖期，母猴會因月經而有出血現象。根據種類的不同，有的一年中皆可繁殖，但是大都在春天到初夏。不必特別準備巢箱，可是營養要充足，同時提供一個安靜待產的環境。若是母猴排斥公猴，就要將牠們分開來養。懷孕期間一般是一七〇天左右，一次產下一頭小猴子。

其他的注意事項

牠們的牙齒銳利，下顎有力，接觸時要注意避免被咬傷。再者，牠們很聰明，雖然對主人很溫馴，有時候卻會傷害其他人。從小時候起，要給與適當的訓練。如果飼養大型的長尾猴，宜先和獸醫商量，可能要拔掉犬齒，或將牙尖磨平，以防傷人。

●雪貂的飼養方法

雪貂是歐洲的動物，通常飼養來提供毛皮，或在狩獵時追捕野兔。個性溫馴，而且動作可愛，相當受到人類喜愛。毛色雪白的叫做超級雪貂。

有時候在店裡可以看到毛色接近貂皮大衣的雪貂，這是牠們的特徵。

照顧

一天讓牠們出籠子一次，四處遊玩，如果要帶出門，由於牠們生性活潑好動，最好用項圈和繩子，以防走失。

基本上雪貂是夜行性動物，主人要調整生活步調配合。

一般在傍晚時用餐，然後帶牠們出門散步，半夜時就寢。如果運動量不足，可能會在半夜到處亂跑，非常活躍。

訓練牠們上廁所會因個體而有差異，一般是會在固定的地方上廁所，因此鋪上砂子或準備箱子當作牠們大小便的地方。排泄的時間大致上是在吃過東西之後，因此要等牠們吃飽、排泄之後，再帶出去散步。

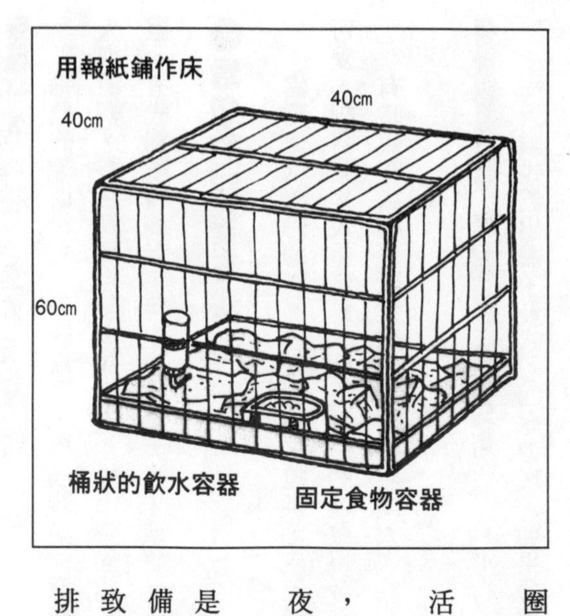

食物

可拿狗飼料當主食。牠們也喜歡吃水果，應該充分給與。一般寵物店是以狗飼料為食物，如果買不到狗飼料，可以將半生的食物拌上生蛋、牛奶當作食物，牠們也會習慣。若是提供過多的水分，可能會造成下痢，所以不要讓牠們攝取過多的水。

籠子

使用貓狗的籠子或大型鸚鵡的籠子。雖然牠們並非神經質的動物，最好還是準備巢箱供牠們安寢。由於雪貂的排泄物較易發臭，要勤於清掃。籠子底下可以鋪上一層砂子，減少臭味。由於雪貂十分活潑，不要一直把牠們關在籠子裡，應該常常帶出去散步。

繁殖

想要繁殖就得成對地飼養。有些雪貂已做了結紮手術，因此購買前最好先問清楚。

繁殖期是從春天到秋天，不過一般以春天居多。當母貂發情時，會有生理出血的情形。若是雪貂和人很熟，可以像養貓一樣，準備一個紙箱，鋪上毛巾，當作生產的場所。雪貂的巢穴是狹長形的，也可以創造這樣的環境當作產室。如果懷孕的母貂排斥公貂，就要分開來養。懷孕期間約爲四十天，一次可產下四～七隻小貂。

其他的注意事項

雪貂和臭鼬一樣，具有「放臭屁」的武器。或許你覺得「臭屁」沒什麼，但是接觸到眼睛，會導致失明或起霧，而且味道強烈，會殘留數日之久，如果雪貂在屋內放臭屁，將造成主人很大的困擾。一般寵物店的雪貂都已摘除臭腺，不過有的並未做處置，因此購買時最好問清楚。寵物店在售出時，會附上證明書，不必擔心放臭屁的問題。但是為了以防萬一，當購買小雪貂時，最好確認已做過結紮手術。

雪貂和貓一樣，是在交配的刺激時排卵，因此發情的母貂如果不得交配，可能會因為荷爾蒙失調而導致健康不對勁，這時就要和獸醫商談，讓雪貂接受荷爾蒙治療。

小雪貂出生後半年才能進行結紮和臭腺摘除手術，因此，購買前就要決定好是否繁殖。如果有意繁殖，也可以只摘除臭腺，但是會做這種手術的獸醫並不多，因此購買時不妨請寵物店代為介紹。

在角落上廁所的習性

雪貂的視力較弱，當你突然做出動作，牠可能會攻擊，尤其是幼貂，容易去咬人，但當牠們長大以後，這種情形比較少了。雪貂咬人時，主人應該要制止牠，把牠抓起來對牠發怒，用手指敲牠的鼻尖，讓牠知道這種行為不被允許。

同時，注意不要讓牠逃跑或任意捨棄，以免牠們威脅到當地的野生動物，甚至破壞農作物。

●臭鼬的飼養方法

臭鼬最有名的就是會「放臭屁」，一般寵物店販賣的臭鼬都已摘除體內的臭腺，可以安心地飼養。臭鼬的種類不多，一般飼養的是斑紋種類，這種臭鼬身上有黑白相間的花紋，但是也有通體白色的臭鼬。

照顧

體型較雪貂大，一般比較胖，動作緩慢，全身毛茸茸的，走起路來煞是討喜。個性溫馴，有的還會跟在主人身後走。由於牠們的動作遲鈍，帶出門時不像雪貂那樣危險，但是最好還是使用項圈和繩子。基本上是夜行性動物，不過白天也會起來活動。一般在傍晚時餵食，然後和牠們遊玩。當臭鼬睡覺時，就不要去打擾牠們。

食物

和黃鼠狼同屬食肉目動物，基本上是以肉食為主。牠們吃昆蟲、青蛙等小動物，甚至吃動物的屍體，但是也吃水果。可以狗飼料為主食，再補充水果。

籠子

牠們的個性並不活潑，不需要太大的空間，但是籠子也不能太小。最好一邊有六十公分以上。由於牠們的體型較大，每天都要讓牠們出籠子運動，若是因故無法讓牠們出來運動，籠子的一邊最好有一公尺以上。

繁殖

由於有臭腺的問題，一般很少繁殖後代。通常自寵物店購進時，已摘除臭腺並做了結紮手術。

繁殖期是在春天，懷孕期間約五十天，一次產下四～五隻小臭鼬。

注意過胖

其他的注意事項

由於牠們的排泄物較臭，最好在籠子底下鋪一層砂子，抑制臭味。如果運動不足，牠們也會積累精神壓力，而把排泄物撥散，摩擦屁股。若是出現這種情形，就表示有精神壓力。

●麝香貓的飼養方法

麝香貓是和貓鼬非常近似的動物，牠們之所以受矚目是因為肛門腺的分泌物可以當作香水的原料（即麝香），因而被大量養殖。

照顧

初次在寵物店接近牠們時，麝香貓會做出威嚇的動作和聲音，不易與人親近，但是飼養久了之後，牠們就會變得非常溫馴，注意對待牠們時要很溫柔。身體還不錯，並不難飼養。

食物

是以肉食為主的雜食性動物，吃青蛙、蛇、小鳥等小動物和水果。可拿狗飼料、貓飼料作為主食，再給與水果和生蛋。

籠子

籠子稍大，可以使用貓用的大型籠子。體長約四十～五十公分，所以最好有一邊一公尺以上，而且夠高。設置架子、樹枝供牠攀爬。

繁殖

很少有繁殖的例子。一年有二次繁殖期，分別是春天和秋天，懷孕期間約一個月，一次可產下二～四隻。

牠們習慣單獨生活，因此就算養了一對，最好分開來，只有交配時才讓牠們住在一起。

其他的注意事項

雖然已被馴服，比起雪貂，野性還是較強，因此接觸牠們時最好戴上皮手套，以防被咬傷。注意攝取過多水分時會造成下痢。

●浣熊的飼養方法

浣熊和貓狗同屬食肉動物，不要因為名稱有個熊字，就以為和熊同類，牠們單獨屬於浣熊科。

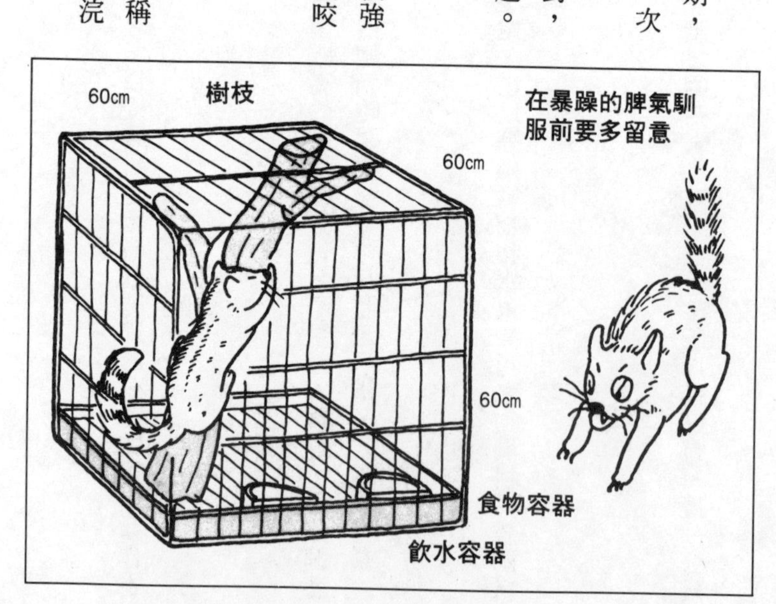

由於牠們的外型可愛，相當受歡迎，不過體型較大，在接觸時宜多留意。由於浣熊也是保育動物，在飼養上有特別的規定，最好先查清楚。

照顧

什麼都吃，很容易飼養。非常活躍，如果只養在籠子裡，可能會出現運動不足的情形。最好是蓋間小屋飼養，而且要帶出去散步。牠們也可能染上犬瘟熱，所以，要做預防接種和定期的健康檢查。

食物

雖是食肉動物，但在飲食習性上偏向雜食，一般可以狗飼料為主食。還有養狗用的骨頭，牠們也會喜歡，甚至人類的甜點，浣熊也很貪吃，所以容易發胖，必須注意適量。牠們吃東西的動作一如其名，很像在洗東西，所以飲水容器要大一些，並注意經常保持乾淨。

籠子

體型較大，長大以後約有中型犬那麼大。牠們喜歡爬樹、手指靈活，注意不可讓牠們跑了。最好使用有鎖的籠子。

受制於規定，如果買不到需要的籠子，就得自己製作了。

不需要鋪設特別的地面材料，只要提供毛巾等當作牠的床。

繁殖

繁殖期是在春天，一次可產下三～四隻小浣熊。特別要注意的是和其他動物在一起時，母浣熊會出現警戒的姿態，這時候要小心，不要去驚動牠。

就算浣熊和主人十分親近，當母浣熊懷孕時也不要去窺探，同時避免接觸小浣熊，完全交由母浣熊養育。

其他的注意事項

如前所述，牠們會長得很大，因此發起怒氣來可能會有危險，但這不是牠們的缺點，而是飼主的認知不足，因此在購買前一定要想清楚。就算不想養了，也要到寵物店、動物園打聽是否有人願意接手，不要惡意遺棄。

最不好的情形，就是請獸醫代為處置，雖然很可憐，但這是主人的責任。

●刺蝟的飼養方法

刺蝟是食蟲目的動物，和鼴鼠屬於同類，但和老鼠一點關係也沒有。一般刺蝟都是在美國飼養的歐洲刺蝟，其他有耳朵較大的長耳刺蝟，還有身上的刺呈黑色的非洲刺蝟。

照顧

牠是夜行性動物，晚上會出來找昆蟲吃，動作很可愛，受人歡迎。飼養上並不會很麻煩。

食物

以昆蟲、蚯蚓等為主食，但是寵物店販售的都是餵食狗飼料，若能提供蝗蟲、蚯蚓當作點心，牠會更高興。

籠子

由於牠們不會攀爬，體型又小，只要矮籠子即可飼養，通常一邊四十公分的四方形籠子

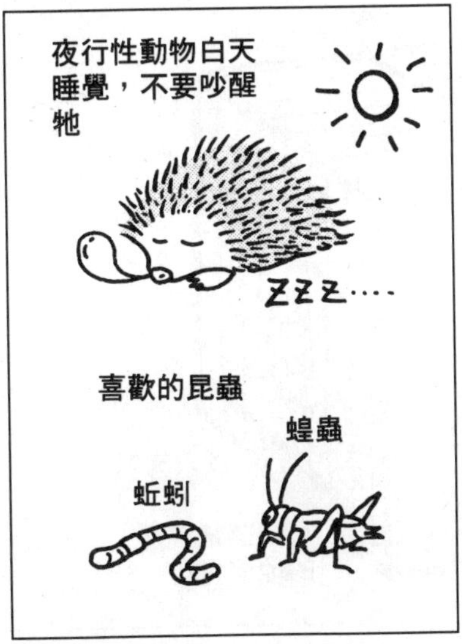

夜行性動物白天睡覺，不要吵醒牠

ZZZ....

喜歡的昆蟲

蝗蟲

蚯蚓

便已足夠。為了讓刺蝟白天能夠安心地睡覺，要準備巢箱，同時鋪設地面材料，一般是用鋸木屑或稻草。

繁殖

繁殖期在春秋兩季，一次可產下四～八隻小刺蝟。

其他的注意事項

刺蝟身上的刺並不會很銳利，可以用手去摸，但是最好還是戴上手套。當你摸牠時，全身會蜷縮或像球，脾氣暴躁的還會咬人，所以平常仍要留意。

冬天時刺蝟會冬眠，如果不希望牠冬眠，周圍的環境溫度不可太低。

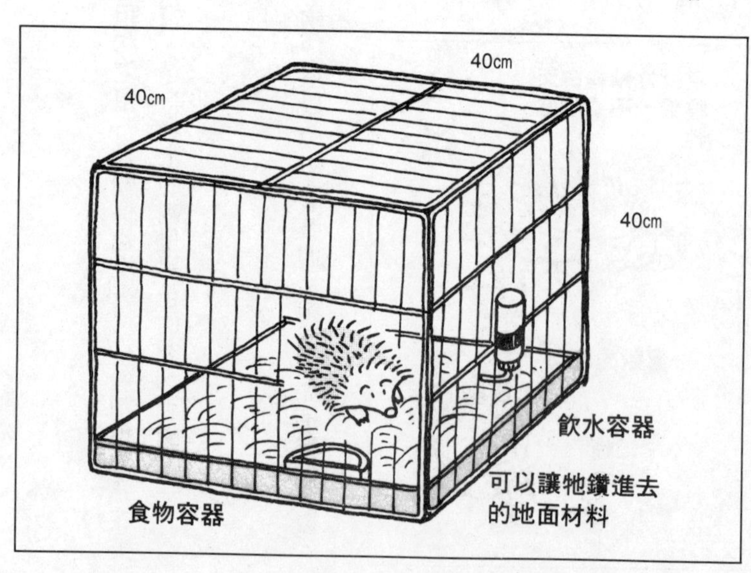

●果蝠的飼養方法

果蝠是蝙蝠科動物，以水果、花蜜為食。一般的果蝠科都吃昆蟲，而且很難飼養。

照顧

經常倒吊著，很少出現地面上。為了搜尋食物，牠們常在天井和牆壁間移動。

食物

主要是吸吮水果的汁液，因此可以提供水果、蜂蜜、果汁等。像蘋果這種脆硬的果實，牠們吃不動，因此像香蕉這種柔軟的水果，可切成小塊餵食。也可以在食物中混入牛奶、碎肉等動物性營養。利用鳥用的食物容器和飲水容器掛在壁面，方便果蝠取用。

籠子

寬廣些的籠子比較理想，可以利用鸚鵡籠子。一般牠們是倒吊在天花板，所以不妨利用吊著的籠子。

繁殖

很難繁殖。懷孕期間約五個月，從春天到初夏左右會生產，一次生一隻。

其他的注意事項

和蝙蝠同類，都是原產溫帶的動物，所以到了冬天必須使用加熱器。

第七章

鳥類的飼養方法

●文鳥的飼養方法

文鳥是原產印度的鳥類，相當受到人們喜愛。由於這種鳥類已有相當長的飼養歷史，加上牠已適應本土的氣候，因此飼養上並不麻煩。其飼養方法和十姊妹一樣。

照顧

一般是全身白色的白文鳥和所謂的櫻花文鳥這種改良品種居多，飼養方法相似。每天提供新鮮的食物和水，並清掃鳥籠。至於保溫方面，除非有幼鳥，否則在室溫下飼養即可。會有壁蝨和寄生蟲的問題，所以要勤於清掃。

食物

這是喜歡植物性食物的鳥類，一般採用稗子、小米等穀物混合而成的飼料。這種調配飼養也可以阿蘇兒用的代替，只是調配的比例不同而已。儘量到鳥店購買文鳥用的飼料比較妥當。

除了穀物，還要加入油菜等葉菜類、貝殼類，補充維他命和鈣質。最近，也有直接在飼料中混入維他命和鈣質來飼養。

籠子

市售的鳥籠相當多款，內有橫木和食物容器、飲水容器，相當方便。較大型的鳥籠是繁殖用的，當然，一般的鳥籠也可以充作繁殖之用。

鳥的巢箱稱作壺巢，是因為形狀像壺。地面不需要鋪設任何材料。但因鳥類喜歡洗澡，最好另外準備一個洗澡容器。

繁殖

出生後半年就可以產卵，繁殖期是從秋天開始到六月。至於雌雄的分辨分法，雄鳥的鳥喙朝上拱起，雌鳥的嘴直長。

買進年輕而健康的成對文鳥，提供營養價值較高的食物，就能繁殖小鳥。繁殖用的飼料叫作「小米仁」，一般市面上都可買到。

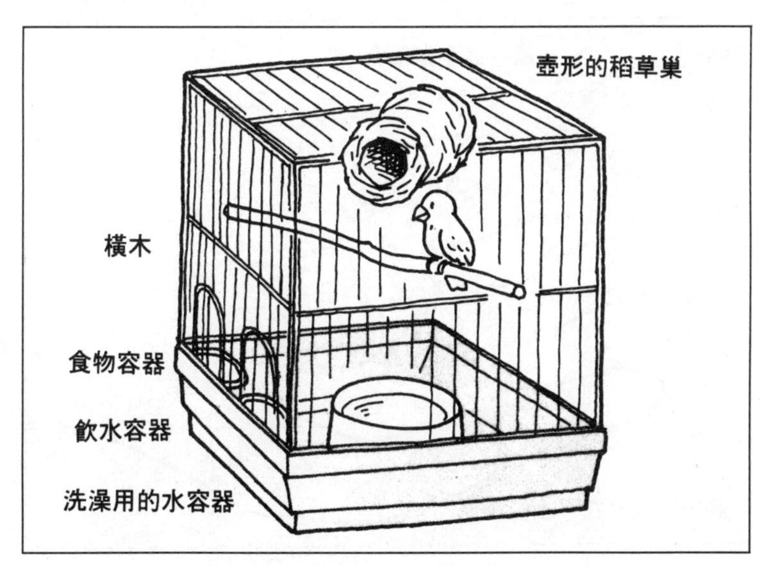

孵卵差不多要經過十八～二十天，其間提供一般的飼料即可。正在孵卵的母鳥會變得有些神經質，所以最好不要經常窺伺，甚至動到鳥巢。減少清掃的次數，保持安靜。

幼鳥孵出來後，母鳥會親自餵食，這時可改用繁殖用的飼料。

如果母鳥不餵小鳥，就要自己動手，用手指或鑷子分開小鳥的嘴，然後餵進市售的鳥飼料。剛開始每隔二～三小時餵一次，漸漸的，小鳥就會在肚子餓時發出叫聲。

經過十五～二十天，可以將小鳥移出鳥巢，放在鋪有稻草的鳥籠中，同時讓牠在手上餵食，漸漸的，牠就會和人類親近，在手上吃東西。這種稻草鳥籠要維持攝氏25～30度的溫度，可利用板狀加熱器保溫。在小鳥可以帶出來之前，最好交母鳥照顧，除非是想訓練牠在手

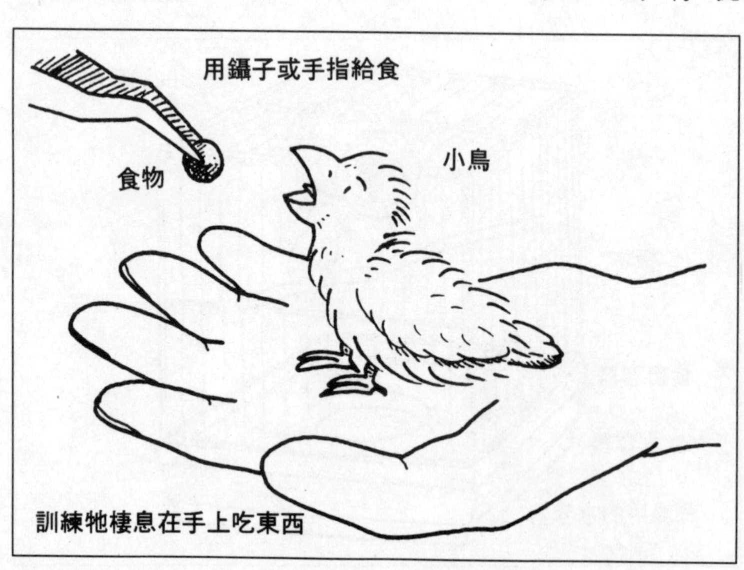

上吃東西，否則讓牠待在鳥巢比較好。如果常用手撥弄牠，可能受驚，所以動作不要太急躁，也不要製造很大的聲響。

等鳥兒和人熟識以後，就可帶牠外出，但因牠們找不到回家的路，放牠們出來遊玩要先關緊門窗，以防小鳥飛出去。

其他的注意事項

不只是文鳥，幾乎所有的鳥類都有羽毛寄生蟲和壁蝨的問題，因此，每隔幾天就要用熱水清洗鳥籠的欄杆和橫木。

●金絲雀的飼養方法

金絲雀的叫聲婉轉，是很受歡迎的寵物。由於牠的叫聲優美，尤其是德國金絲雀係捲毛種，更受喜愛。在顏色上，又有紅金絲雀、檸檬黃金絲雀。

民間的愛好者組成協會，品評叫聲，就像狗有血統一樣，鳥腳上的腳環就是血統證明書。依血統不同，金絲雀的價格也有等級。

照顧

通常是成對飼養，但只有公鳥會唱歌，母鳥是不會唱歌的。

食物

金絲雀的歌聲優美，個性活潑，必須提供比文鳥、十姊妹更高價值的飼料，一般可利用鳥店賣的專用飼料。

也有繁殖用的飼料和營養輔助食品。而紅色金絲雀為了維持牠的鳥羽光澤，飼料中會添加胡蘿蔔素等紅色素。

其他如貝殼粉和菜葉，一週供給二～三次。

籠子

使用稍大的籠子，而且高度要夠，同時要有鳥巢。

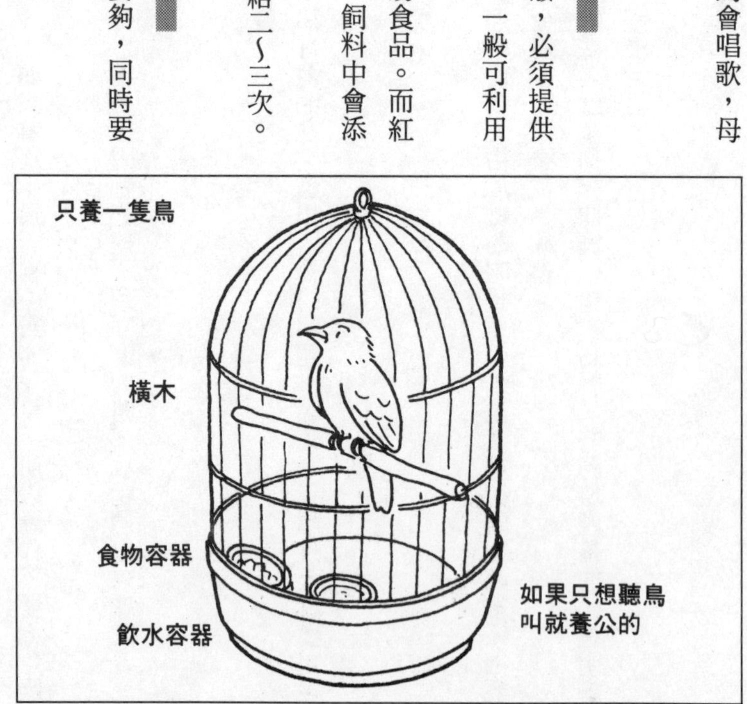

繁殖

大致上在三個月產卵。繁殖期來臨時，要提供營養價值較高的繁殖用飼料，等待產卵。通常是一天下一顆蛋，會產下四～五顆，而從開始到最後，這些卵的孵化會有四、五天的差異，因此要準備非常相似的假蛋，在替母鳥換飼料時偷換，把卵取出來，用脫脂棉花包著。等到全部的鳥蛋下完之後，再找機會把假蛋換回來，讓母鳥孵化。

之後的情形和文鳥差不多。

其他的注意事項

如前所述，為了維持金絲雀的鳥羽光澤，有時候會在飼料中添加色素劑。

●九官鳥的飼養方法

九官鳥原產東南亞，自古以來就受人歡迎。

照顧

有專用的飼料，飼養方法也因歷史悠久而有規矩，可以說是很好養的鳥類。不過因為這種鳥產自熱帶，幼鳥必須注意保溫。

食物

一般以水果為主食，也會吃昆蟲。市面上有販售加入水果香的專用飼料，只要加水混合就可餵食。若是買不到專用飼料，也可以使用五分飼料，加水混合後搓成彈珠般大的顆粒餵食。

其他如把切碎的水果和昆蟲當作零食。

籠子

使用市售的中型鳥籠即可。由於這種鳥喜歡洗澡，夏天時可在鳥籠上方裝漏斗灑水。或是另外準備洗澡用的籠子。在底部有盛裝排泄物的盤子，這樣在洗澡時也可以避免弄濕其他地方。

九官鳥長大後就不需要保溫，在室溫下飼養即可。

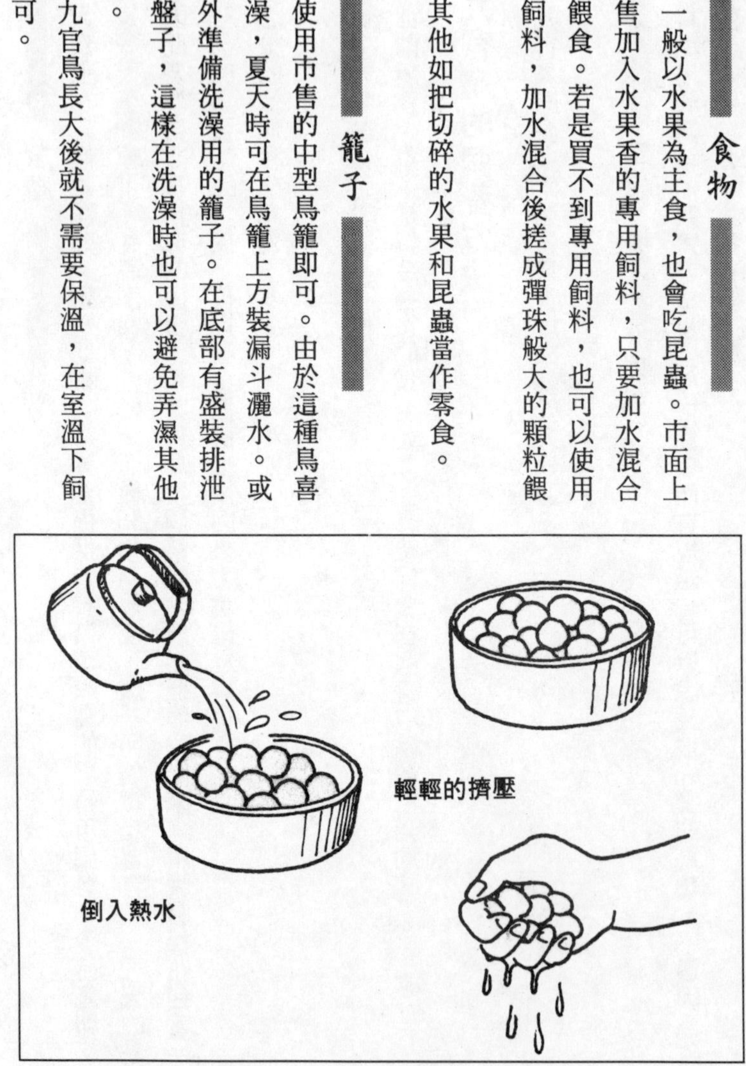

其他的注意事項

九官鳥在出生後半年左右就會開始記憶人的語言。一般鳥店賣的九官鳥都太老了，如果希望訓練牠記憶新的字詞，購買時要特別留意牠的年齡。

教牠說話時要選擇安靜的環境，避免受到不必要的雜音干擾。教的人要很有耐心，一次只教一個字，大約花一個禮拜時間反覆地教導，直到牠學會。當九官鳥發音很像時，就要給與牠喜歡的食物當作獎勵。

●阿蘇兒的飼養方法

阿蘇兒就是原產澳洲的小型鸚哥，這是和倉鼠、斑紋松鼠並列的熱門寵物。由於牠的羽毛顏色多變化，個性溫順，甚至會棲在人的手上，因而頗受歡迎。

照顧

飼養上很容易，並沒有特別之處，不過牠們有咬食東西的習性，一般可補充鈣質，但不是供與貝殼粉，而是烏賊的骨頭。牠們不喜歡洗澡，所以只給飲水即可。

食物

營養價值太高的食物並不適合。一般採用市面上以稗子、小米、玉米調配而成的專用飼料作為主食，另外還要補充葉菜和鹽土等礦物質。不需要繁殖用的飼料。

籠子

市售鳥籠用來養一對綽綽有餘。由於鸚哥用的巢箱較大，籠子就要稍大，這樣放入巢箱後還有空間。

鸚哥用的巢箱所開的洞在較高的位置，前面有一個像門的裝置。

繁殖

關於雌雄的分辨方法，可以從嘴巴的上部蜡膜部分的顏色來判別，一般雄的呈深藍色，雌的呈茶褐色，不過較高級的品種，顏色差異沒有那麼顯著，較難分辨雄雌。最好請鳥店幫

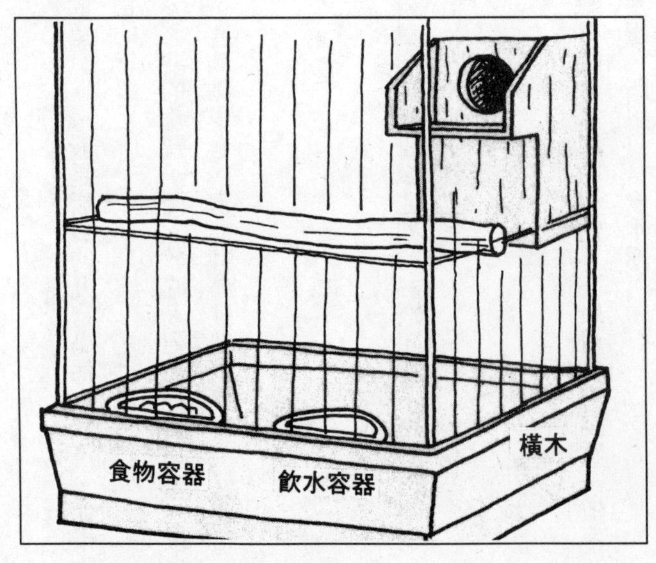

忙做確認。

當繁殖期接近時，阿蘇兒會叫個不停，顯得情緒不穩，而且待在巢箱的時間變長了。母鳥會開始咬巢箱，將木屑運入巢箱中，這時可以提供鋸木屑。母鳥在一～二天內將五～六個蛋全部下完，當牠生第三次時，就會開始孵蛋，幾乎很少走出巢箱。

在這段期間，公鳥負責將食物運到巢箱內。過了十八天左右，小鳥孵出來了。這時避免去窺探巢箱內的幼鳥。

訓練小鳥停在人的手上的方法和文鳥一樣，不過阿蘇兒幼鳥和其他小鳥不一樣，牠們很少吃人類餵食的東西，如果餵得不好，會造成健康失調。食量多少可以看牠們的喉袋是否膨脹，一般間隔三小時餵食。

●中型鸚哥的飼養方法

和阿蘇兒同種的龜臉鸚哥和牡丹鸚哥，都是中型的鸚哥，這兩種只是顏色有差異而已。中型鸚哥的品種很多，尤其是牡丹鸚哥的顏色種類也很多。

藍牡丹

照顧

基本上的飼養方法和阿蘇兒一樣，是容易飼養的鳥類。幾乎經過一年就會站在人的手上，和人親近，因此初春就可以開始物色鸚哥，著手訓練。

牡丹鸚哥的英文名字叫作 lovebird（愛情鳥），經常看到牠們卿卿我我的，因此盡可能成對飼養。

食物

由於牠們的體型較大，而且很會吃，所以可用向日葵種子和阿蘇兒飼料來調配飼料，有時候給水果。由於菜葉吃得不多，所以儘量讓牠們從水果中攝取維他命。同時提供烏賊的骨頭和鹽土來補充礦物質和鈣質。繁殖時期可以添加麻的種子和金絲雀所吃的種子來補充營養。

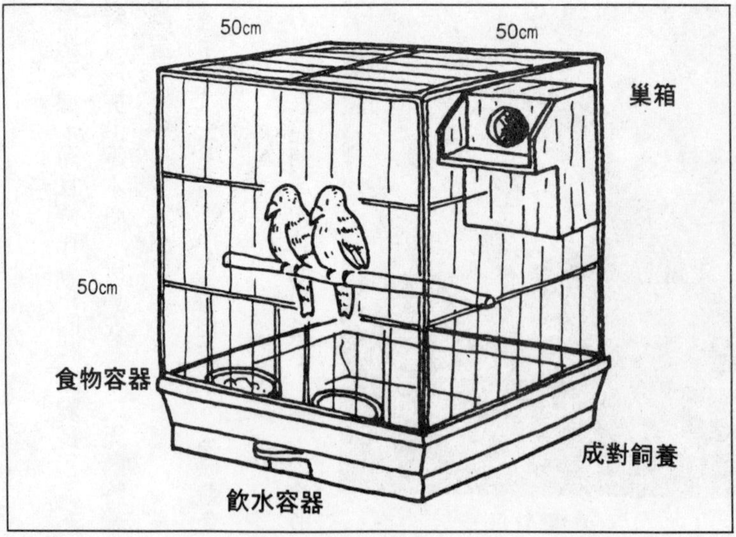

籠子

盡可能選擇較大的籠子，市售的鸚鵡鳥籠亦可。

繁殖

若是籠子太狹窄，牠們會無法交配，就不能繁殖。如果繁殖成功，照顧的方法大致和阿蘇兒相同。有意繁殖的話，就要準備大一點的籠子，還有巢箱。

其他的注意事項

中型鸚哥應該從小訓練，讓牠在手上吃東西，逐漸就會棲息在人的手上。和鸚鵡一樣會學語言，只要耐心地教，應該就會有成果。

●鸚鵡的飼養方法

鸚鵡是指大型的鸚哥。由於鸚鵡幾乎所有品種都受華盛頓公約的保護，因此不像阿蘇兒、中型鸚哥那麼容易取得。

照顧

由於頭腦聰明，很受人們喜愛，相反的若是人們疏於關懷，牠們會覺得寂寞而大聲啼叫。如果白天家中沒有人，就要訓練牠習慣留在家中。

食物

一般採用向日葵種子、玉米為主食，並提供水果。由於體型較大，很得人們歡心，牠們有時候會向人要東西吃，但是為了健康，最好不要餵食人類的食物。

鸚鵡有咬東西的習性，牠們的嘴會一直長，因此要提供堅果類或帶殼的花生給牠們咬。如果不提供這些東西，只讓牠們吃柔軟的水果，就會造成精神壓力而生病，甚至脫毛。亦可利用市售的供鸚鵡咬的玩具。

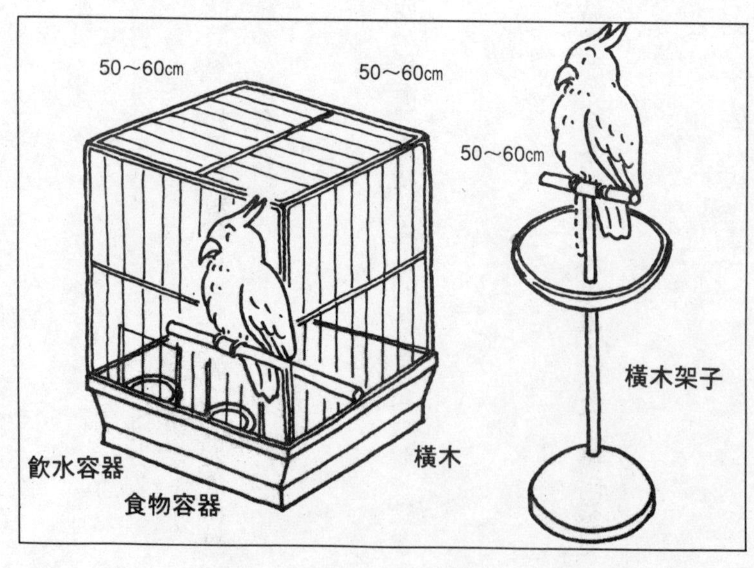

籠子

可以利用市面上所賣的鸚鵡專用的大型籠子。如果只關在籠內飼養，運動不足，會造成牠的精神壓力，大聲啼叫，甚至拔除自己的羽毛。所以每天都要放牠出籠遊玩。

市面上還有賣一種可以用繩子綁住鸚鵡的腳的橫木架子，使用這種橫木架子也要給牠們運動的機會。

繁殖

為了繁殖，必須準備四～五公尺大的正方形籠子，這是一般家庭很難做到的。

其他的注意事項

這種動物頭腦聰敏，看起來就很討人喜歡，但是牠們的精神脆弱，為了減少精神壓力，主人要多花心思照顧牠們。

不只是鸚鵡，幾乎所有鳥類都會有這種共通疾病，那就是會出現發高燒症狀的鸚鵡病。尤其是可愛的鳥類，主人可能基於寵愛的心理而用口餵食，結果主人也有可能感染。因此為了健康，不管是多可愛的鳥，都不要用嘴巴餵東西。

●鵪鶉的飼養方法

鵪鶉是最便宜的鳥，在爬蟲類專賣店，有時就以鵪鶉作為爬蟲類的食物。除非是幼鳥，否則鵪鶉極容易飼養。

每天會下一顆蛋，這也是牠們吸引人的地方。

照顧

由於牠們很便宜，而且母鵪鶉每天會下一顆蛋，所以公鵪鶉經常被棄之不理。一般的鳥店中，母鵪鶉賣得比公鵪鶉貴。

鵪鶉有群居的習性，可以只養一隻公的，其他都是母鳥。

尤其是在交配時，公鵪鶉有啄母鳥頭上羽毛的習慣，如果只養一對，母鵪鶉的頭皮會被啄得破掉流血，甚至死亡。

如果養較多的母鵪鶉，公鵪鶉的攻擊就會分散，受害程度也會減低。

食物

可以使用養雞用的調配飼料來飼養。

最好再混入菜葉和貝殼粉。

尤其是懷孕的母鵪鶉會缺乏鈣質，一定要加入貝殼粉。

籠子

可以使用市售的中型鳥籠飼養。

由於牠們不會飛，就算是較低矮的籠子也可以，但是頂部要磨平，以免因為籠子太矮而使鵪鶉的頭部撞傷。

繁殖

鵪鶉會下蛋，但多半是未受精蛋，如果和公鵪鶉一起養，就會有受精蛋，但是母鵪鶉不會孵蛋。可以把這些蛋放到矮雞或烏骨雞的窩中，讓牠們當「假母」來孵蛋。

亦可使用孵蛋器。一般而言，在繁殖上比

較困難。

其他的注意事項

鵪鶉和雞不太一樣，平常牠們是不會叫的，但是到了繁殖期，公鵪鶉就會大聲啼叫。如果你不喜歡這種叫聲，可以只養母鵪鶉。

●小金眼貓頭鷹的飼養方法

小金眼貓頭鷹是生長於非洲的動物，身長二十公分左右，是小型的貓頭鷹。由於牠的體型較小，適合當作寵物。貓頭鷹是夜行性動物，在鳥類中較少見，如果你是夜貓子一族，不妨養牠當作寵物。

貓頭鷹和其他猛禽類都是華盛頓公約的保育動物。

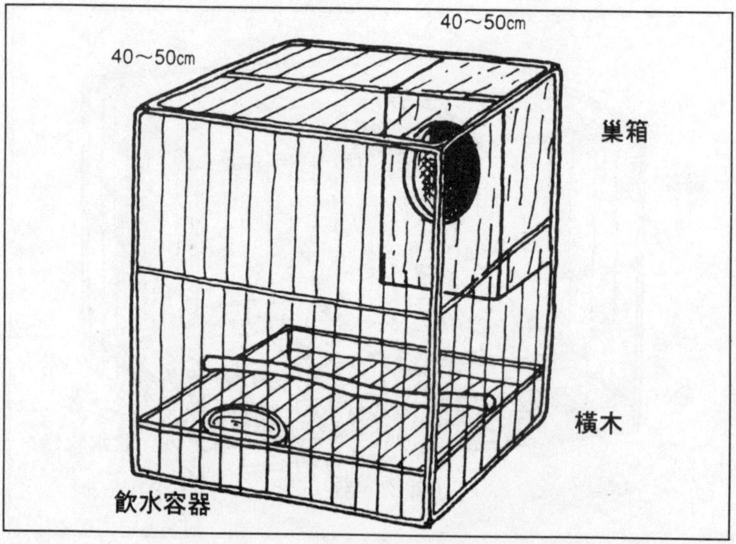

40～50㎝
40～50㎝
巢箱
橫木
飲水容器

照顧

由於牠是夜行性動物，白天幾乎都在睡覺，因此要準備巢箱供牠安心地休息。小金眼貓頭鷹的體型較小，使用市售的巢箱即可，若是大型貓頭鷹，即使不把籠子蓋起來牠們也會昏昏沈沈地睡著，給牠們食物也會吃。

不要勉強牠們，漸漸習慣以後，牠們就會在有陽光時活動，而在夜晚休息。

食物

在自然環境中，牠們以昆蟲、小鳥為食物，若是飼養可以提供小老鼠、小鵪鶉，甚至給與肉類、肝、內臟等食物。此外，還可以補充鈣劑、維他命劑等營養。

籠子

可以使用飼養鸚鵡的大型鳥籠，同時準備用石頭做成的窩巢。巢箱的出入口位置不可太高。

其他的注意事項

體型雖小，畢竟是猛禽類，有銳利的爪子和嘴巴，因此接觸時最好戴上皮手套。

第八章 爬蟲類、兩棲類的飼養方法

●蜥蜴的飼養方法

日本本州相當常見，有日本金蛇、日本蜥蜴、日本壁虎等。一般的種類體型小，但是寵物店可以看到綠鬣蜥蜴和其他大蜥蜴。小型蜥蜴可以用小籠子來養，但是要餵牠們小昆蟲就比較麻煩，至於大型蜥蜴當然要用大籠子，不過餵食肉類和狗食罐頭就比較方便。

照顧

幾乎所有動物都要吸收鈣質來構成體內的骨骼，同時也要做運動照射陽光中的紫外線，並吸收維他命類。以人而言，如果鈣質、紫外線、維他命不足，便會罹患佝僂病。

尤其是烏龜、蜥蜴等爬蟲類，需要更多的紫外線，一旦鈣質、維他命、紫外線缺乏，身體就會立刻失調。

所以飼養蜥蜴，必須很注意照明問題，一般可以使用接近日光的螢光燈或鹵素燈，裝設在籠內。通常寵物店都買得到這種鹵素燈，或是能發出紫外線的紫外線燈，但是紫外線太強對眼睛不好，甚至造成灼傷。剛養寵物的人不適合使用，最好先問過寵物店老闆。最近還有紫外線電燈泡。

但是像壁虎這種夜行性動物，本來就不喜歡曬太陽，過強的照明有害無益。若是只使用

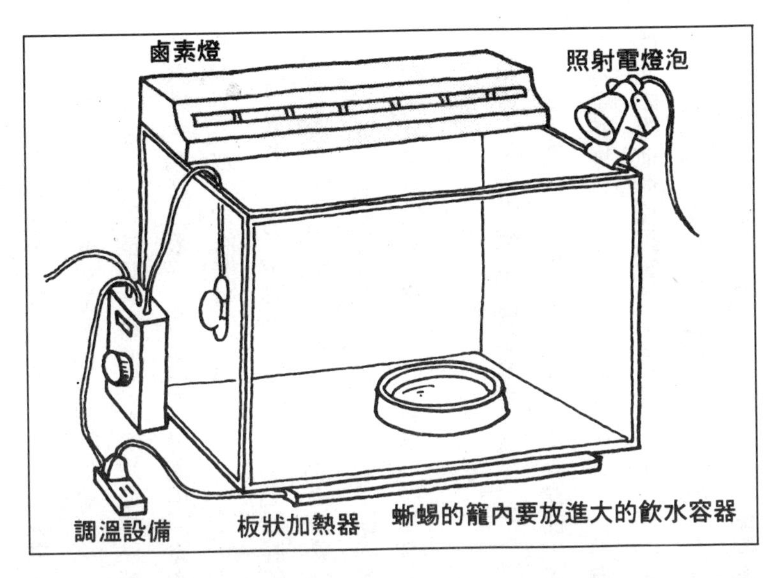

鹵素燈這種照明用燈，應該不會造成太大的傷害，頂多因為太亮而使牠們躲起來。紫外線若是隔著玻璃或壓克力板就失去效用，所以最好直接照射。

若是小型蜥蜴，可以把整個籠子拿到戶外曬太陽，不過只有春、秋可以這麼做，夏天太熱了，牠們可能中暑而死亡。至於冬季則太冷了，只在室內照明燈光。

爬蟲類是變溫動物，牠們會隨著周遭的溫度而調節自己的體溫，為了活動就要升高溫度。尤其是在自然環境，蜥蜴會做日光浴，接受紫外線的照射，使身體暖和，然後四處覓食，等到天暗了便躲起來休息。因此飼養時也要在籠內重視這種環境，例如，使用鹵素燈創造溫度較高的向陽部分和較陰涼的地方。具體而言，反射電燈泡可以創造攝氏30～35度的溫度，再利用盆栽植物、石頭、紙箱等創造陰涼處。到了晚上，把反射電燈泡熄掉，維持20度左右的溫度，此時可使用板狀加熱器來保溫。

不過上述只是個概略標準，如果是棲息於沙漠的種類，溫度就要更高，因此在寵物店購買外國蜥蜴時，最好先問清楚飼養環境。原產溫暖地方的種類，冬季時要注意保溫，溫帶品種需要冬眠，才能繁殖。

冬眠前，在秋天就要讓牠吃得肥肥胖胖的，不需要加溫，準備腐葉土或稻草讓牠們棲息，注意溫度變化平穩。同時環境不能過於乾燥，隨時用噴霧器補充濕度。

大型蜥蜴會有脫皮的現象，這是成長的證明，但是紫外線、水分不足，健康失調時，就會產生障礙。脫皮是健康的指標。

食物

除了部分綠鬣蜥蜴外，大都是肉食性，可以提供穀物蟲、蝗蟲等昆蟲或初生的小老鼠。日本金蛇蜥蜴、壁虎等只吃大的昆蟲，必須自己捕捉，或給與穀物蟲。如果只提供昆蟲，可能造成維他命和鈣質不足。這時可用市售的爬蟲類專用維他命劑來補充。

若是也有老鼠、鵪鶉作為食物，就不必太擔心鈣質缺乏，只需要給與維他命劑即可。

大型的爬蟲類，除了肉、內臟、狗飼料和蔬菜等食物，有時候也要補充營養劑。

日本金蛇

籠子

蜥蜴不喜歡潮濕的環境，因此要用通氣性良好的籠子。最理想的是鐵絲網籠子，或使用水槽，但是要加蓋、不密閉。

大型蜥蜴應該要有能夠活動的空間，籠子的一邊最好為其身長的一倍。

若是棲息於樹上的種類，籠子就要比較高，並設樹枝供其攀爬。

並不需要鋪設地面材料，但是小型蜥蜴的籠子底部不妨鋪上泥土或碎石子，以增美觀。不過在餵食時，如果係給與活生生的動物就沒問題，可是給與冷凍老鼠肉、蔬菜的話，很容易和碎石子混合而吃下去，造成健康上的危險，這時候就不要鋪設比較好。

當底部弄濕時，由於蜥蜴的腹部經常接觸，很可能因此受寒而生病，所以籠子底部要經常保持乾燥。

牠們不只要喝水，脫皮前還會把身體弄濕，所以飲水容器要夠大，讓牠們能將整個身體浸入。

繁殖

繁殖方法因種類而有不同，這兒只做一般性的解說。繁殖期也因種類而異，像日本蜥蜴是在五～六月，而在春天到夏天之間捉到的金蛇，大都可以產卵。通常在寵物店買到的外國品種，也可以產卵。尤其是爬蟲類，雌性可以在交配後於體內保存精子，等幾個月後再受精，因此就算只買了一隻母的也要留意。

當你發現母的爬蟲類腹部逐漸膨脹，就要準備水苔、腐質土，弄濕後放入籠內，不知不覺間牠就會產卵。這時候要留意不可讓它乾掉

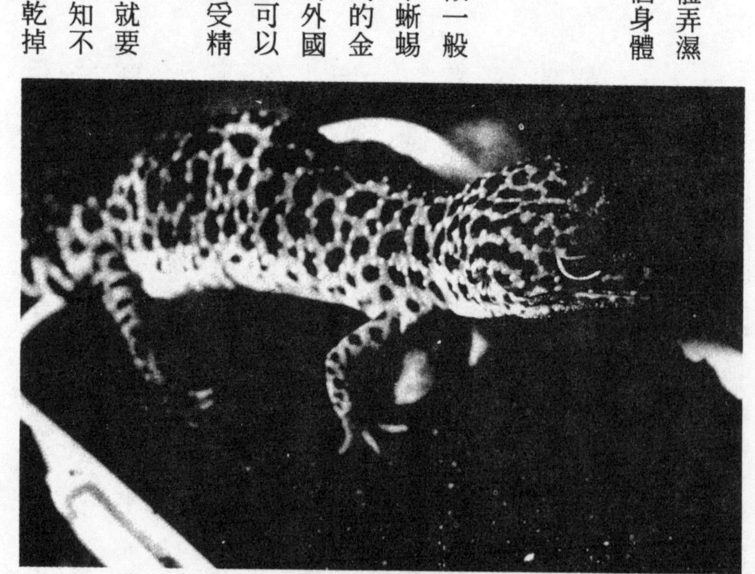

豹紋蜥蜴彷彿在產卵

。產卵之後小心不要發黴了，或被母親踩掉，為了避免發生這種情形，可以拿出來進行人工孵化。日本蜥蜴通常是由母親守護這些卵，為了不會乾燥，盡可能保持濕度。當你將卵取出，再放回去時要注意上下高，讓胚胎的位置保持向上，才孵得出來，事先做個記號就不會再弄錯了。

把卵放在有水苔、腐質土的密閉容器內，注意不可乾燥，同時利用板狀加熱器維持攝氏31～32度的溫度。如果卵已經發黴，就丟掉不要了，同時換上新的水苔，以免其他的卵也發霉。這時要留意卵的上下方向。蜥蜴的卵殼通常比較堅硬，但是因為種類不同，柔軟度亦有差別。像壁虎的卵殼就很薄，甚至可以透光。不過最好不要移動或時常窺探。

其他的注意事項

蜥蜴被捕時，常會自斷尾巴以求脫逃，而斷掉的尾巴會再長出來，不過新長的比較短。因此捉蜥蜴時，不要只捉牠的尾巴，要捉整個身體。

爬蟲類、兩棲類在環境惡劣或被移動時，會有拒食的現象。所以剛買來時，為了讓牠們習慣新環境，儘量不要去碰觸牠們。

●蛇的飼養方法

蛇只要養在小籠子即可。通常餵了一次，可以隔二～三週再餵食，所以飼養起來一點也不麻煩。不過牠們很容易逃走，這點要注意。

照顧

飼養上大致和蜥蜴差不多，不過牠們不需要紫外線，因此，也不用擔心照明的問題。黃頷蛇、斑蛇會做日光浴，可以為牠們裝上鹵素燈。

食物

蛇依體型大小，有的是吃哺乳類、鳥類等恆溫動物，有的則吃青蛙、魚、蜥蜴等變溫動物，有的兩種都吃。前者和後者可以提供小老鼠、小鵪鶉，比較能飽食，大概二～三週餵一次即可。若是小蛇正值成長期，就要增加餵食的次數，原則上在排便後就給食物。基本上蛇只吃活的動物，但是飼養的蛇也可以提供冷凍老鼠肉，不過未解凍的食物不易消化，可能造成牠們消化不良，所以要先解凍，加熱到體溫時再餵食。

吃變溫動物的蛇類可以餵牠們金魚，由於食物容易取得，比較好飼養，不過這是大胃王

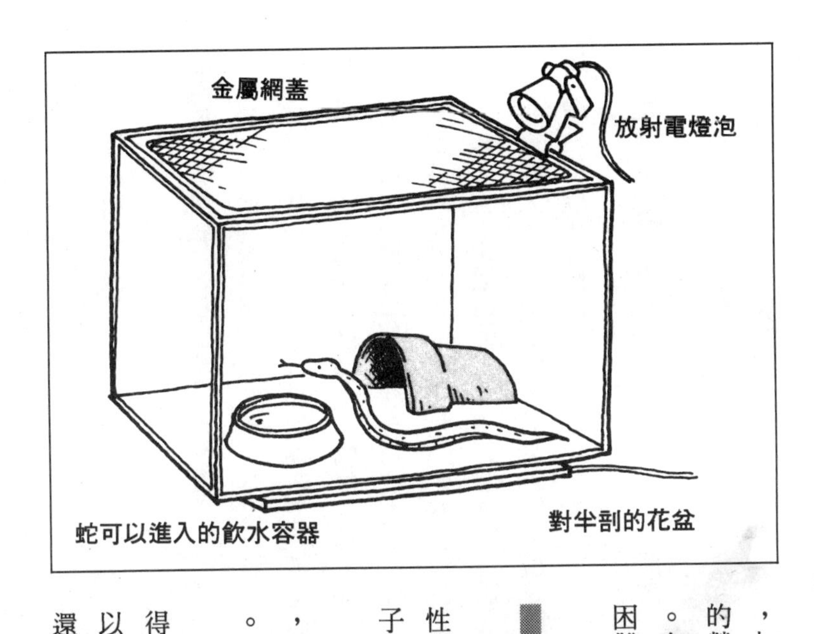

，如果二～三天才餵一次，牠們會變瘦。金魚的營養比老鼠差，因此飲水中還要添加營養劑。有的蛇只吃青蛙、蜥蜴，由於食物取得比較困難，通常不太好養。

籠子

可以使用水槽或裝衣服的箱子，但因通氣性不佳，必須再加工，水槽可以用金屬網當蓋子，至於箱子附有蓋子，可以打幾個洞。

蛇的身體較長，但是牠們很少把全身伸長，因此選擇一邊的長度比蛇身稍短的籠子即可。大致是蛇身的三分之二左右的長度。

籠子的佈置和蜥蜴差不多，不過蛇很容易得到憂鬱症，因此牠們的家必須儘量大些。可以利用花盆碎片或木頭佈置牠們休息的地方，還有必備飲水容器。

繁殖

和蜥蜴相似。

其他的注意事項

蛇類會從間隙脫逃，因此籠子不可有縫。

蛇類生性和平，可以一次飼養數隻，不過餵食時，如果兩隻蛇同時咬住食物的一端，其中一隻很可能把另外一隻當作食物吃下去，因此單獨飼養會比較放心。尤其是蟒蛇會吞食其他蛇類，不能一起養。

一般而言，蛇不會咬人，不過餵食時可能把手指當作食物而咬食，還有脫皮前比較神經質，也會咬人。蛇要脫皮前眼睛會變白，很好辨認，這時候就不要去接觸牠們。平常如果要接近牠們，最好還是戴上皮手套。

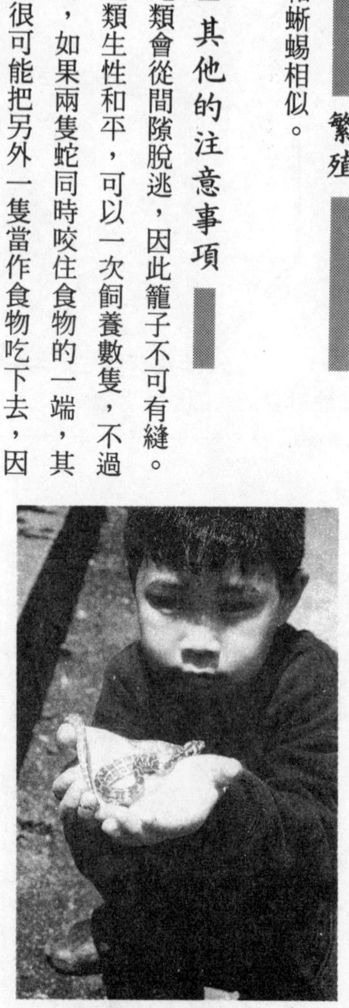

蛇是可愛的動物

●烏龜的飼養方法

烏龜是很溫馴的動物，而且容易和人親近，非常適合當作寵物。不過不要因為很好養，就隨便亂來，必須確實盡到照顧的責任。

照顧

烏龜必須做日光浴。可以把牠們放到水裡，然後利用大箱子製造陰深的部分，把牠們放到戶外，就不必怕會中暑。至於冬季，無法做日光浴，便得利用鹵素燈照明。

食物

烏龜很會吃，一旦和主人混熟了，給牠什麼東西都吃。市面上賣的各種烏龜專用人工飼料，都可以好好利用，此外牠們也喜歡吃剝殼蝦仁和蛤蜊的肉。

陸上烏龜的食物除了人工飼料，還可以供給油菜、高麗菜、青江菜、甘藷、水果和其他營養劑。若是只餵食香蕉、萵苣，可能營養不足。

餵食時不要把食物丟到籠內，這樣容易弄髒，最好一點一點地餵，也比較不會殘餘。

籠子

烏龜喜歡爬來爬去，因此籠子的空間要夠寬廣，尤其像密西西比紅龜、草龜，成長後要換更大的籠子或箱子。

烏龜大致可分為水中、陸上和海龜三種。

棲息於水中的烏龜可用水槽來飼養，裡面裝水，讓牠的甲殼能泡到水，再利用磚塊、石

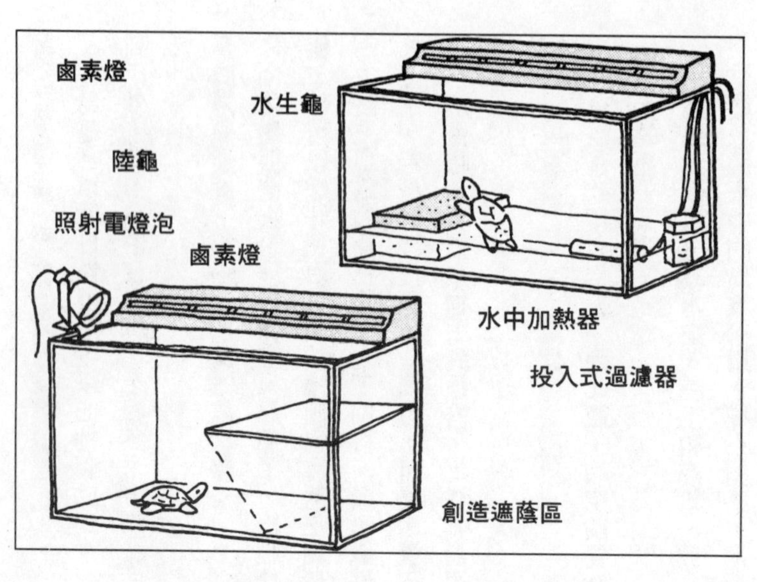

頭等佈置出一部分的陸地。就算是水中的烏龜，有時候也要曬乾甲殼，否則會得皮膚病，所以佈置的陸地要高出水面，讓牠們能完全脫離水面。烏龜非常有力，如果陸地堆得不夠堅固，可能會崩潰，可利用四方形的漏水器具，將裡面塡滿碎石子，如此就可以創造出堅固的陸地。

水槽中的水也是烏龜的飲水，最好每天更換，如果有所不便，也要使用過濾器。若是過濾器無法接觸水槽的底，就無法過濾水，所以可使用投入式過濾器，將髒東西濾除。就算這樣做，水還是會混濁，因此要經常更換，而且過濾器要勤加清洗，否則髒東西積存其中，反而成為惡性細菌的溫床。

陸上烏龜可以用蜥蜴的籠子來養。牠們容易打翻飲水容器，所以最好不要把水容器放在籠內。餵食可以使用臉盆，把飲水容器放在裡面，然後讓烏龜在其中吃東西，這樣也很方便。冬天請改用溫水。

迫筥龜和筥龜、山龜同種類，生長於較潮濕的山間，若以飼養陸上烏龜的方法來養牠們，可能會水分不足。雖然牠們棲息的地方傾向陸上，但是要鋪上濕潤的水苔。

繁殖

在雌雄的差異上，烏龜比蜥蜴、蛇來得明顯。雖然因種類而有不同，但是一般而言，只要做比較，尾巴較長、肛門在前面的就是公的。在寵物店可以詢問那兒的人。

不過，一般使用較小的水槽是很難繁殖的。

烏龜會在水邊挖洞，然後在裡面產卵，當牠產卵時要仔細觀察，一旦產下卵就要立刻取出，施行人工孵化，方法和蜥蜴相似。

●青蛙的飼養方法

青蛙屬於無尾目，牠們不只棲息於水邊，像雨蛙、蟾蜍等，也會棲息在住宅地附近。以活的昆蟲爲食物，你可能會覺得食物的取得不甚方便，不過若能克服這個問題，你將會發現青蛙其實是很有趣的動物。

照顧

像東京達摩蛙是棲息於水邊的。和蟾蜍一樣，除了繁殖期外是不會進入水中的，係陸上生活的種類。而雨蛙是樹上性品種，還有如非洲爪蛙，幾乎都生活於水中，是水中的種類，因此，飼養時就要根據牠們的習慣準備適當的籠子。

食物

幾乎所有的青蛙都是以昆蟲為主食，較大型的種類不只吃小老鼠，也吃成鼠。當然在營養上，老鼠比昆蟲高。大多數都不喜歡吃山椒魚，而偏好捕食會動的昆蟲。當牠們和人類熟悉以後，也可以用鑷子或鐵絲夾昆蟲給牠們吃。

食物的種類依青蛙體型的大小可以餵食蒼蠅、土鱉、穀物蟲、蝗蟲、小老鼠、老鼠等，餵食時不要只給與同種食物，如此將造成營養偏差，應給與各種食物，有時亦可捕捉野外的昆蟲。

像是非洲爪蛙、姬爪蛙等水棲型蛙類，也可以餵食活的絲蟲或紅蟲，甚至是肝、熱帶魚用的人工飼料。

籠子

如前面說的，要依據種類提供適合的生態環境，以水槽和塑膠箱較適合。籠子不可以太小，否則會造成牠們的鼻子擦傷，當然也不必太大。像牛蛙是比較大型的，一般的青蛙只需要四十公分以上的水槽即可。不管是什麽種類，記得都要有蓋子，像非洲爪蛙連電熱器的電線都有辦法鑽出去，所以別忘了蓋好。

除了水棲型種類都不耐熱，所以夏天要注意通風，避免高溫多濕。

水槽型青蛙的籠子，要像烏龜一樣有水、陸之分，但是青蛙的體型小，只要一顆石頭就能讓牠們脫離水面。佈置水槽時可以利用碎石子做成傾斜的一端。

蟾蜍和紅蛙則很少待在水中，一般是躲在石頭下或土中，到了晚上才出來覓食。牠們的籠子不能太濕，否則腳和腹部會出現發炎症狀

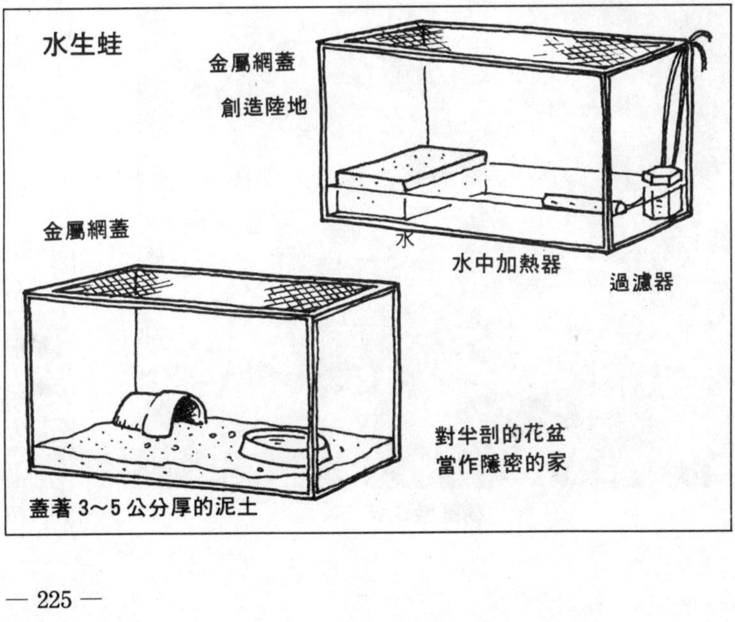

，所以底部最好不要弄濕。不過也不能完全乾燥，因為牠們經常潛入土石之中，所以得保持濕度，地面材料使用腐葉土或水苔，也要常常補充水分。還有不能太悶，尤其是在暖房中，更要留意不可過乾。

紅蛙幾乎不會進入水中，但是和蟾蜍不同的，牠們主要棲息於草木上，是樹上型的種類，籠子需要夠高。籠內要放入一些盆栽，讓牠們能在樹葉上生活。牠們會隨著周圍的環境而改變體色，如果籠內不完全是綠色，一般會呈現褐色的體色。不必特別提供飲水，牠們會從樹葉上補充水分。

水棲型青蛙可以飼養於熱帶魚箱中，不需要佈置陸地，而且水不必太深，放些水草即可。

繁殖

如果飼養於狹窄的籠子內，青蛙雖會產卵，卻是無精卵。至於繁殖期，蟾蜍、紅蛙大概

朝鮮數珠蛙

是在二～四月，東京達摩蛙、雨蛙是在五～六月左右。有的是冬眠的種類，如果不讓牠冬眠就無法繁殖。

接近繁殖期時，大多數雄蛙會發出很大的叫聲，以吸引母蛙。這時要增加水池的水，如果沒有水池，也要移到有水的籠子。產卵時，雄蛙會從後面抱住雌蛙進行交配。

一旦產卵，為了方便管理，最好將卵移到其他容器內。關於卵和蝌蚪的飼養方法，後面會有介紹。

其他的注意事項

兩棲類會吞食比自己小的個體，因此，飼養時要注意體型相當的才可以養在一起。

●蝌蚪的飼養方法

蝌蚪是一般青蛙的幼體。山椒魚和蠑螈的幼體也有外鰓，雖然長相不一，但飼養方法相同。

照顧

蝌蚪用鰓呼吸，所以管理方法和魚類差不多。如果水中的氧氣不足，牠們也會浮出水面直接呼吸空氣，山椒魚的幼體腹部能夠積存空氣，而使牠們游不動，最後致死，因此最好使用空氣幫浦，或使用過濾器。但是可能因為水流過強而溺斃，或被吸入過濾器中，所以最好使用附馬達的過濾器，如海綿過濾器和空氣幫浦並用的類型。

如果係使用自來水，換水時要添加中和劑。

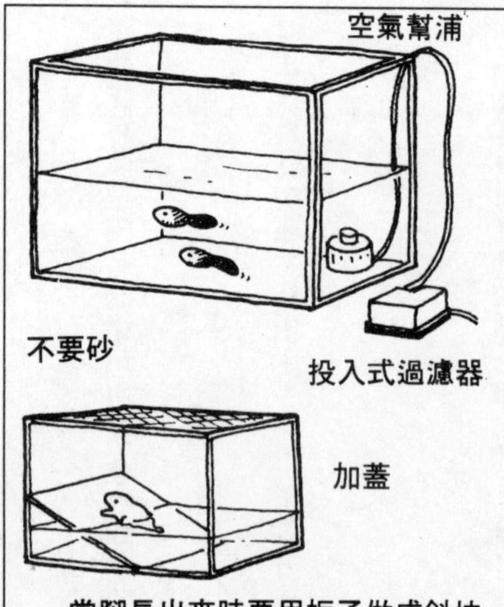

空氣幫浦

投入式過濾器

不要砂

加蓋

當腳長出來時要用板子做成斜坡

食物

東京達摩蛙、紅蛙、蟾蜍等的幼蟲幾乎是靠攝取水中苔類維生，因此可以使用飼養熱帶魚用的乾飼料。山椒魚和蠑螈的幼體是肉食性的，而且會出現殘食的現象，所以，盡可能分開飼養。剛出生的蝌蚪連絲蟲都吃不下，必須切碎了才能餵食。

籠子

可利用塑膠水槽。由於牠們不會跳出水面，不用蓋子亦可。

當牠們長出腳時，就要放入一些石頭創造陸地。

其他的注意事項

如果在蝌蚪時期，食物不足或營養偏差，就會長成畸形青蛙，因此要留意營養均衡。

●有尾類的飼養方法

像蠑螈、山椒魚都是。有尾類依據生活的場所可以大致的加以區分，除了繁殖期幾乎都是棲息於陸上的有墨西哥火蛇、東京山椒魚，或是完全棲息於水中，也有棲息於水邊的。

照顧

有尾類幾乎都不耐熱，當溫度高達攝氏30度時就會熱死。

到了夏天，要養在通風良好、涼快之處。

食物

以活的昆蟲為食物，不過不像青蛙喜歡吃會飛動的昆蟲，而以蚯蚓、土鱉、葡萄蟲為主。

和人熟悉以後，也可以用鑷子夾蚯蚓或碎肉餵牠們。

水生的種類體型較大，可提供絲蟲、螯蝦、魚等當作食物。

籠子

像東京山椒魚等陸上型動物，幾乎很少移動，因此，可以養在大型的密閉容器或塑膠箱中。為了保持通風，在蓋子上打洞。

底部鋪上濕潤的水苔，讓牠們可以潛藏其間，或佈置一些盆栽、石頭，當作牠們隱藏的家。

赤腹蠑螈有陸生時期和水中生活時期，因此水槽中必須佈置水中和陸地兩種環境。

繁殖

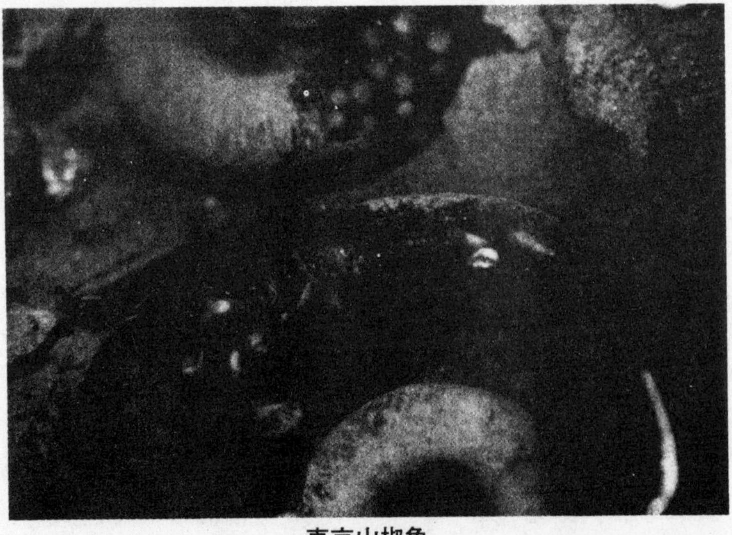

東京山椒魚

水生種類若能配合牠們的繁殖期，就能順利地產卵，至於陸上種類，很難掌握牠們的繁殖期。

當雄蠑螈的體色變得鮮豔，意味著繁殖期到了。

其他的注意事項

日本原產的山椒魚數量日漸減少，因此不要隨便捕捉。

水狗

水田是小動物的寶庫

第九章

水生動物的飼養方法

●水槽的設備

像魚、蝦等生活於水中的動物，必須用水槽飼養。

同時為了維持水質，必須使用過濾器，佈置水草增加美觀。飼養兩棲類也要用到水槽，因此，在這兒就水槽的設備做詳細的解說。

◇水槽

水槽的大小有三十、四十、四五、六十、七五、九十、一二〇公分等各種規格。剛開始養寵物時，考慮到價格，最好使用六十公分以下的水槽。

通常六十公分的水槽可養十～十五隻尖嘴魚，而三十公分的水槽剛好可以養一對鯽魚。

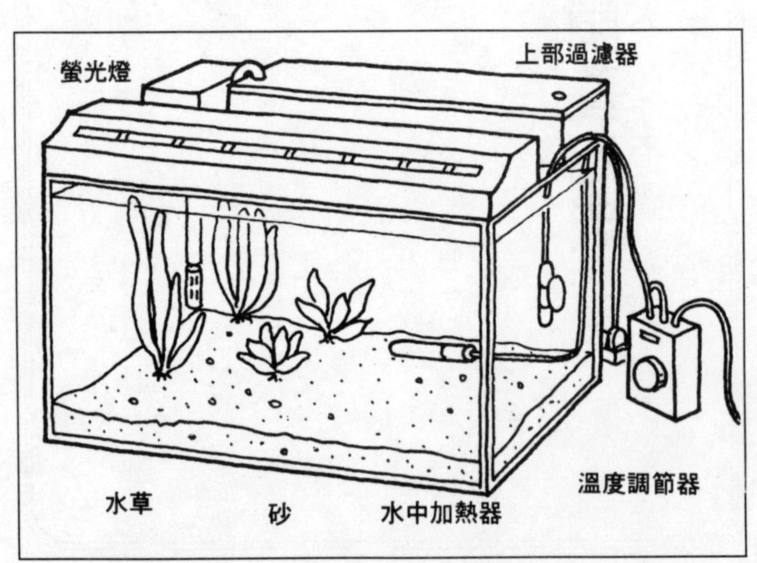

◇過濾器

過濾器可以過濾水，種類很多，一般效果最好的是上部過濾器。市面上販賣的都是水槽、螢光燈、過濾器三件成套的組合。

小型水槽使用海綿過濾器會比上部過濾器來得好，而且要與空氣幫浦一起用。像螯蝦只需要一點水即可，這時可將過濾器的管子切短來使用。飼養烏龜時可以使用內部式的過濾器。

◇螢光燈

螢光燈不只是飼養生物之用，兼且照明水槽。同時水槽佈有水草時，為了讓它行光合作用，就要有照明設備。一般可依據水槽的大小配備適當的螢光燈。

◇其他

如保溫用的加熱器，鋪在水槽底部的碎石子，以及換水時底部砂石要用的清潔劑，和水溫計等等。

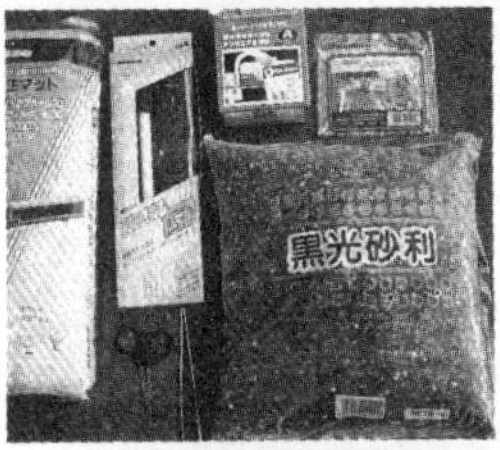

過濾器

水槽必要的物質

●魚、蝦、貝類的飼養方法

鯽魚等魚類和蝦子、田螺等貝類的飼養方法類似，因此在這兒一起說明。

照顧

必須使用過濾器並換水。平均一個禮拜換一次水，不過不可以一次全部換掉，如此水槽內的生物將因無法適應遽變的水質而導致死亡，所以一個禮拜最好更換三分之一的水。此外，一個月做一次過濾清除即可。

食物

魚的食物可以採用活的絲蟲、紅蟲或是熱帶魚用的人工飼料。而睨鯛這種肉食性魚類，視其體型大小餵食大肚魚或金魚。

蝦子和貝類也吃人工飼料，和水槽中所生的苔類。像大和沼蝦，熱帶魚店是養來吃水族箱中的水苔的。不過貝類如果過度繁殖，連水草都吃。

籠子

參照前述的水槽設備。

繁殖

鯽魚因為會在蚌殼和淡水貝類中產卵而有名，不過由於貝類在飼養上比較困難，所以繁殖也不容易。

蝦類在卵孵化後會成為浮游生物，一般也是很難飼養。田螺、物洗貝等的卷貝類不但飼養上簡單，繁殖也很容易。田螺會生出許多小田螺，物洗貝的卵周邊有膠質包著，附著在水槽中或水草上。

其他的注意事項

由於自來水中含氯和消毒用藥品，像魚、蝦、蝌蚪這些用鰓呼吸的動物，吸入後會致死。因此在放入魚之前，水中要先加中和劑。還有，每次換水時也要加。

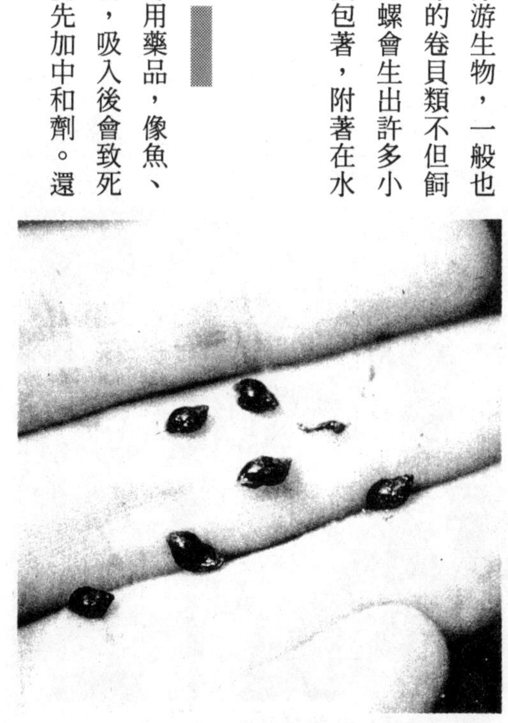

物洗貝

從郊外捕捉回來的魚、蝦，如果突然放入水槽中，牠們會因無法適應驟變的水質和水溫致死。因此，在放入水槽之前，要先裝在盛有原來的水容器中，然後慢慢的加入水槽中的水，讓牠們習慣，之後再移到水槽中。

●蟹、螯蝦的飼養方法

只要到水邊，一定可以發現美國螯蝦，最適合剛開始養水生動物的人。白色螯蝦是美國螯蝦的突變改良種。

澤蟹棲息於比螯蝦更乾淨的水域，也很容易飼養。

照顧

澤蟹、螯蝦和魚、蝦一樣，是用鰓呼吸，但是牠們可以長時間在空氣中生活。即使是氧

正在捕捉小魚的孩子

氣不足的混濁污水，牠們也活得下去，和經常換水的水槽中也能飼養這些動物。

食物

蟹和螯蝦都是雜食性動物，牠們吃魚、蝌蚪、蚯蚓等活的食物，也吃小魚乾、蝦子和蛤蜊的肉。不過要注意別讓食物污染了水質。同時也可以供給水草等植物。

籠子

使用水槽或塑膠箱來飼養，如果沒有過濾器，也是可以飼養。養螯蝦的水不必太深，要為澤蟹建造陸地。

使用投入式的過濾器和空氣幫浦，並將裡面的過濾器的管子切短。螯蝦經常會出現殘食的情形，所以一個水槽中不要養太多螯蝦，並提供石頭讓牠們建立隱密的家。

繁殖

澤蟹和螯蝦的雌性要產卵時，腹部會突起，餵食小蝦、小蟹時要讓每一隻都有吃到。當卵孵化之後，為了避免小個體被母親吃掉，要將牠們隔離，並且盡可能一隻一隻餵食。如果沒有隔離，小蝦、小蟹會被母親吃掉。

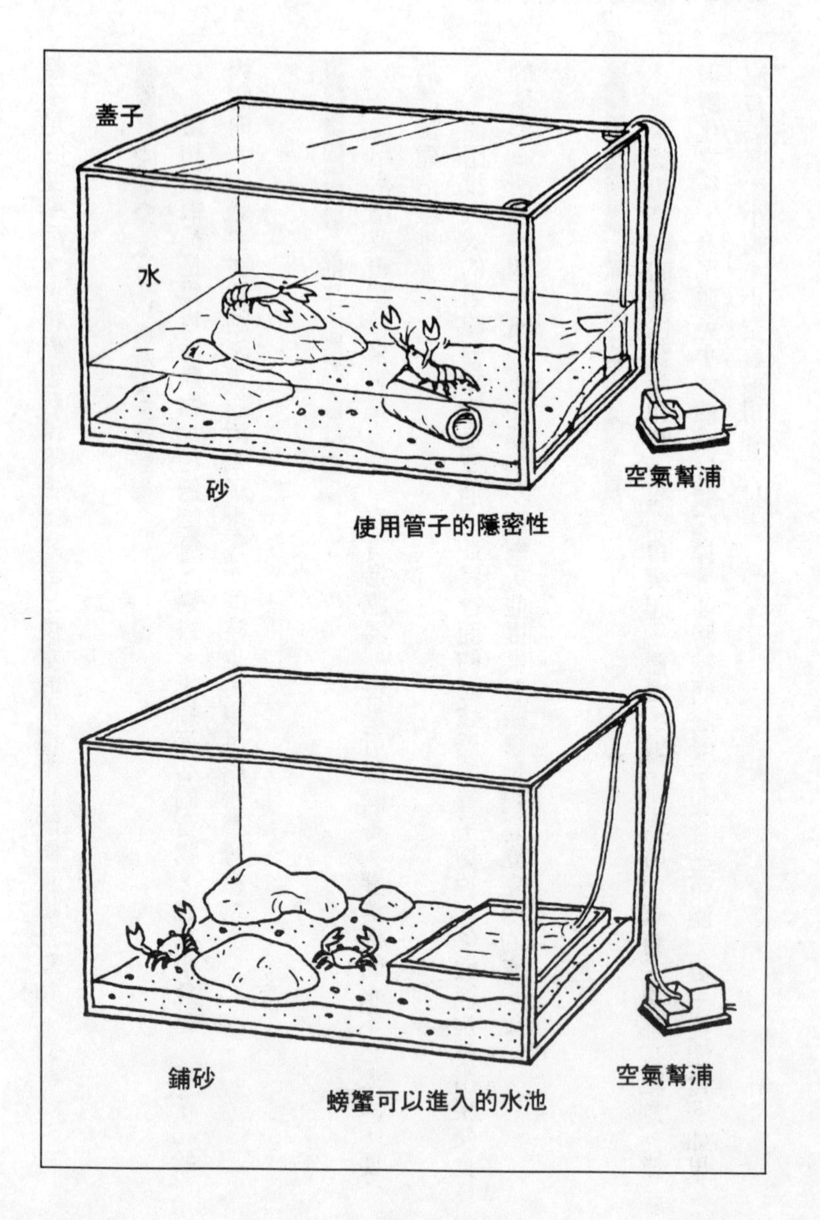
蓋子
水
空氣幫浦
砂
使用管子的隱密性
鋪砂
空氣幫浦
螃蟹可以進入的水池

其他的注意事項

牠們可能沿著過濾器的管子逃走，所以要加蓋。

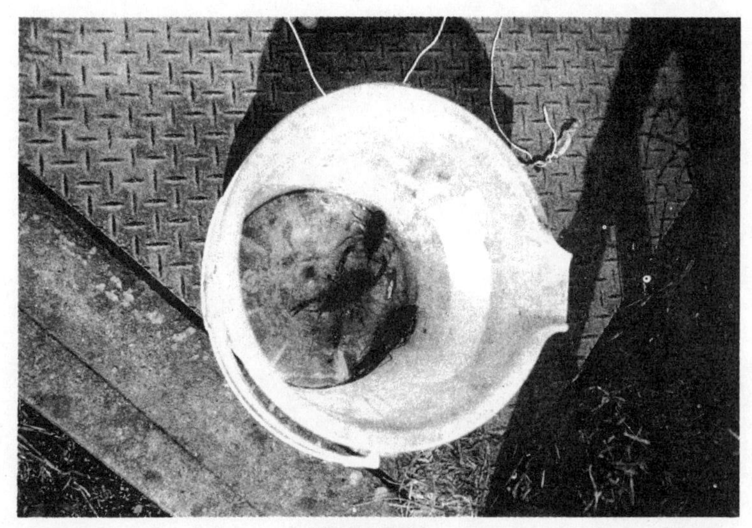

釣到的草蝦

第十章

其他的飼養方法

●蜘蛛、蠍子的飼養方法

特藍特毒蜘蛛是猛毒動物的代名詞，但是被牠咬到並不會立刻死亡。此外蠍子也是猛毒的動物。

不過，還是有人飼養牠們當作寵物，而在管理上的規定就很嚴格。

照顧

飼養蠍子的水槽或塑膠箱的壁面如果垂直，蠍子就無法攀登，然而特藍特毒蜘蛛就可以毫無困難地爬出去，這點要特別留意。

食物

蠍子和小型毒蜘蛛可以餵食蝗蟲等小昆蟲，至於大型毒蜘蛛就要餵食小老鼠。

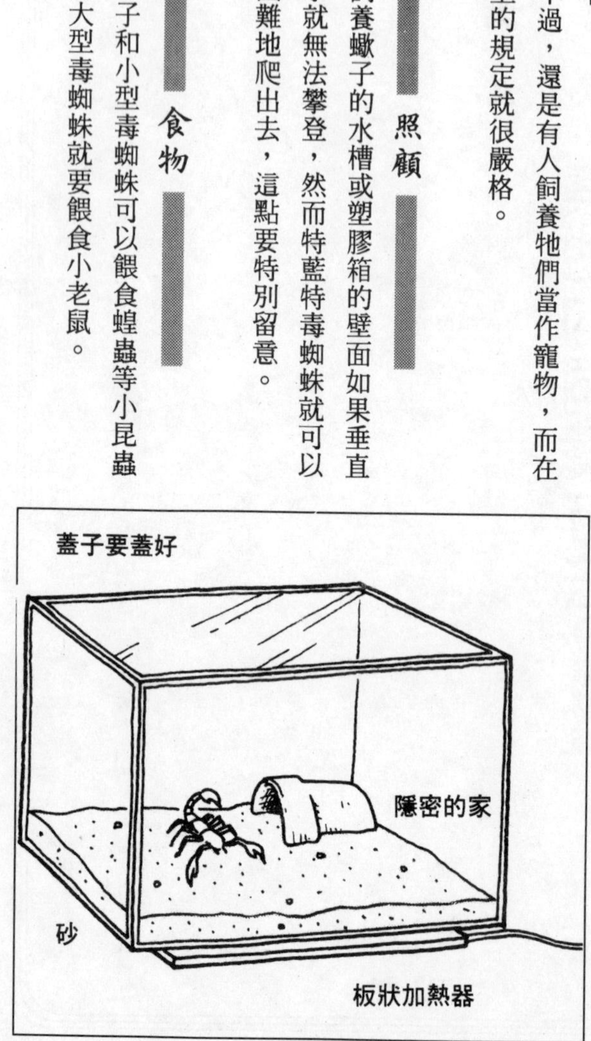

籠子

不需要太大的空間，用水槽或塑膠箱飼養就可以了。為了方便管理，要加上蓋子，冬天時可以放入加熱器保溫，並噴水保持濕度。

其他的注意事項

平時絕不要用手接觸牠們，由於牠們有毒，管理上更要用心，以免造成憾事。

●蜣螂、鍬螂的飼養方法

蜣螂、鍬螂是昆蟲中最受歡迎的種類。能活上幾年的大鍬螂尤其受到青睞。

照顧

最近市面上有賣幼蟲、成蟲用的各種人工飼料，所以飼養上一點也不麻煩。不過有的百貨公司和超市只在夏天時販賣，因此夏天時要多買一些，以備過冬。

食物

市面上有賣蜣螂、鍬螂的成蟲和幼蟲用的各種人工飼料，可多加利用。

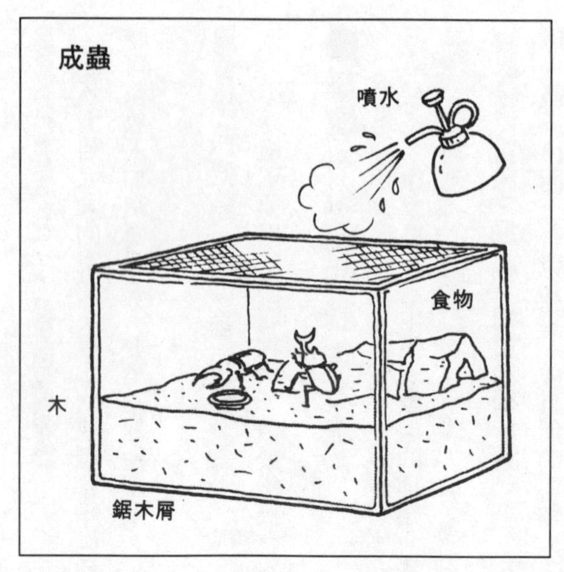

成蟲一般是以樹液、桃子等水果、酒、黑砂糖和蜜混合而成的飼料來餵食。蜣螂的壽命平均只有一個夏天，而大鍬螂有時可以活上數年，像這樣，餵人工飼料會比水果來得方便。

蜣螂的幼蟲是吃樹葉或腐葉土，一般可餵食櫟木、枹木等闊葉樹的落葉。鍬螂的幼蟲也吃腐朽的櫟木，可惜很難取得，所以多使用人工飼料也是一個辦法。

籠子

成蟲可以利用飼養昆蟲的籠子，或是使用水槽、塑膠容器等，幼蟲也一樣。

其他的注意事項

儘量不要去碰幼蟲和蛹，否則牠們會受傷而致死。

●水生昆蟲的飼養方法

像是田鱉、源五郎這些在水中生活的昆蟲，利用尾部的呼吸管由水面呼吸。若蟲是蜻蜓的幼蟲，和田鱉、源五郎不同，係用鰓呼吸，等到成蟲就可以飛翔，攝取昆蟲為食，在飼養上比較困難。

照顧

養在水槽中即可。如果是田鱉、源五郎，不需要加入中和劑，若是幼蟲就要添加。

食物

都是肉食性的，吃小魚和蝌蚪。此外，田鱉會吸取被牠捕獲的生物的體液，不吃死掉的動物，但是若蟲和源五郎就吃死魚和小魚乾。

籠子

可以使用塑膠箱，或是附有過濾器和照明設備的水槽來飼養。飼養田鱉和源五郎的容器要加蓋，否則牠們會飛走。

繁殖

把竹片或竹籤插在水中，露一部分，田鱉就會在此產卵。佈置幾塊露出水面的石子和磚塊，在上面鋪設水苔，源五郎就會在此產卵。

●蝴蝶的飼養方法

蝴蝶的幼蟲是毛毛蟲，根據種類的不同，所吃的植物也不同。由於植物的葉子容易取得，所以很好養。但是我不建議各位養成蟲，因為蝴蝶並不好養。如果你不想飼養，可以放牠飛走，只是若為在遠地捕捉回來的少見品種，就不要在附近放生。

照顧

幼蟲吃到不新鮮的食物會生病，甚至傳染給其他幼蟲，全部死光光。因此，食物最好每天更換。同時避免不必要的碰觸，以免幼蟲受到撞傷而致死。

食物

白紋蝶一般是吃油菜科植物，鳳蝶以柑橘類為主，紅蜆蝶吃酸模、羊蹄木等的葉子。若能取得這些植物的盆栽，就可以提供新鮮的食物，而且非常方便。為了防止鳥和蜜蜂爭食，最好用絲龍網將這些盆栽蓋住。

成蟲亦可使用蜂蜜加少許水，以脫脂綿沾取餵食。如果把沾取蜂蜜的脫脂綿放在籠內，而成蟲並不去吸取，這時可以輕輕地捉住翅膀，將牠移近脫脂綿，以口就食。

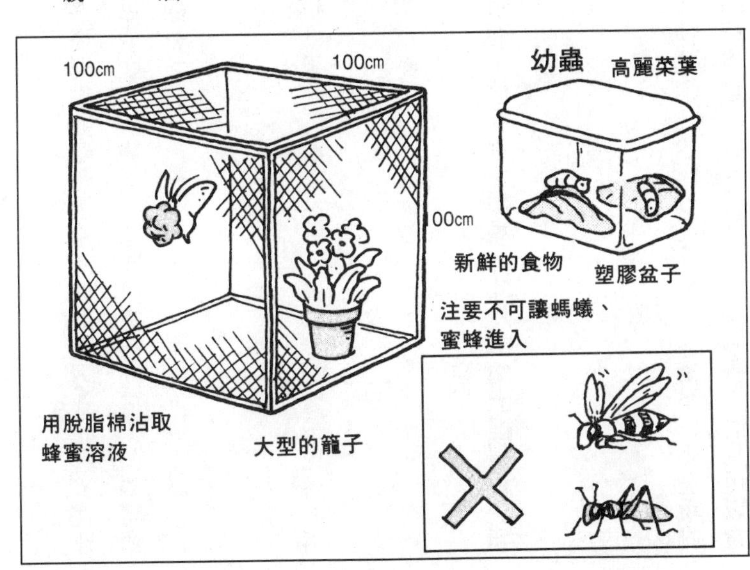

籠子

飼養幼蟲的籠子注意蓋子的縫隙不可太大，否則毛毛蟲會逃走。如果要飼養成蟲，就要自行製作較大的籠子。以角材和園藝用的網子做成較大的籠子，讓成蟲在裡面飛，同時將幼蟲所吃的盆栽及開花的植物放在其中，供蝴蝶採食。

繁殖

如前面所說的製作較大的籠子，同時放入供幼蟲吃的植物盆栽。較狹窄的籠子也可以用來飼養成蟲，只是牠們無法交配。

其他的注意事項

幼蟲一受傷就會馬上死掉，而成蟲的翅膀脆弱，儘量避免碰觸。此外，幼蟲經常會受到蜜蜂和螞蟻侵襲，所以要注意籠內是否有這些小生物。

●蝸牛、土鱉的飼養方法

梅雨季節時經常可以見到蝸牛，即使是在其他季節，也可以在盆栽下、樹葉底下發現牠的蹤跡，幾乎一年中都看得到。而土鱉和扁平馬陸也是一樣。牠們很容易飼養，而且可以當作其他寵物的食物。

照顧

或許印象中的蝸牛都是濕濕的，事實上在潮濕的環境，牠是無法生存的。相反的在乾燥地區，由於有殼保護，反而活得更久。不過適度的濕氣是必要的。

當蝸牛走過時，身後會殘留粘液，弄髒地面材料，因此要定期更換，同時清洗籠子。

食物

可以餵食高麗菜、油菜等葉菜類。扁平馬陸和土鱉則比較喜歡吃馬鈴薯。經常用噴霧器噴水以補充水分。

為了補充鈣質，可在食物中混入貝殼粉。

籠子

由於體型小，可以飼養在密閉容器中，較大型的則使用塑膠容器飼養。

繁殖時要把底部的鋪設材料換成腐葉土，同時混入石灰石（白色的碎石子），使土呈鹹性比較好。

繁殖

蝸牛和土鱉的繁殖期都在春天。蝸牛雖是雌雄同體，也要有兩隻才能繁殖。一般繁殖期捕捉幾隻蝸牛，將牠們放在一起，然後在籠子底部鋪上一層土，牠們就會產卵。卵就這樣放著，便會孵化。生出來的小蝸牛和父母長得很像，飼養方法也一樣。

土鱉則和蠍子、螯蝦一樣，卵附著在母體上，所以生出來的小土鱉也是由母親照顧。

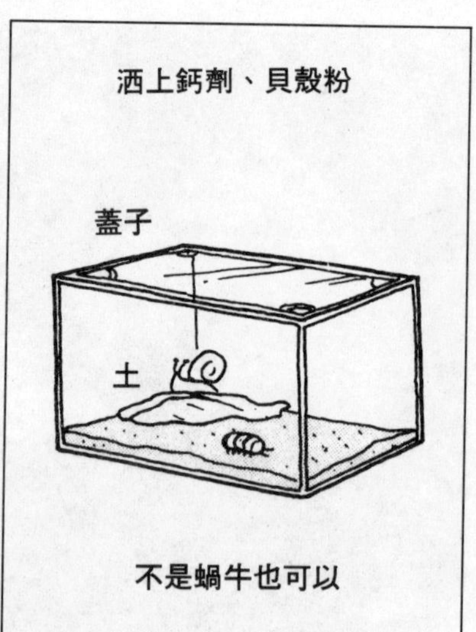

其他的注意事項

濕度過高會促使壁蝨繁殖，所以要留意不可太潮濕。

大展出版社有限公司	圖書目錄
地址：台北市北投區11204 致遠一路二段12巷1號 郵撥： 0166955～1	電話：(02) 8236031 8236033 傳眞：(02) 8272069

・法律專欄連載・電腦編號 58

台大法學院 法律學系／策劃
法律服務社／編著

①別讓您的權利睡著了[1]	200元
②別讓您的權利睡著了[2]	200元

・秘傳占卜系列・電腦編號 14

①手相術	淺野八郎著	150元
②人相術	淺野八郎著	150元
③西洋占星術	淺野八郎著	150元
④中國神奇占卜	淺野八郎著	150元
⑤夢判斷	淺野八郎著	150元
⑥前世、來世占卜	淺野八郎著	150元
⑦法國式血型學	淺野八郎著	150元
⑧靈感、符咒學	淺野八郎著	150元
⑨紙牌占卜學	淺野八郎著	150元
⑩ＥＳＰ超能力占卜	淺野八郎著	150元
⑪猶太數的秘術	淺野八郎著	150元
⑫新心理測驗	淺野八郎著	160元
⑬塔羅牌預言秘法	淺野八郎著	200元

・趣味心理講座・電腦編號 15

①性格測驗1	探索男與女	淺野八郎著	140元
②性格測驗2	透視人心奧秘	淺野八郎著	140元
③性格測驗3	發現陌生的自己	淺野八郎著	140元
④性格測驗4	發現你的真面目	淺野八郎著	140元
⑤性格測驗5	讓你們吃驚	淺野八郎著	140元
⑥性格測驗6	洞穿心理盲點	淺野八郎著	140元
⑦性格測驗7	探索對方心理	淺野八郎著	140元
⑧性格測驗8	由吃認識自己	淺野八郎著	160元

⑨性格測驗9　戀愛知多少	淺野八郎著	160元
⑩性格測驗10　由裝扮瞭解人心	淺野八郎著	160元
⑪性格測驗11　敲開內心玄機	淺野八郎著	140元
⑫性格測驗12　透視你的未來	淺野八郎著	160元
⑬血型與你的一生	淺野八郎著	160元
⑭趣味推理遊戲	淺野八郎著	160元
⑮行爲語言解析	淺野八郎著	160元

・婦 幼 天 地・電腦編號16

①八萬人減肥成果	黃靜香譯	180元
②三分鐘減肥體操	楊鴻儒譯	150元
③窈窕淑女美髮秘訣	柯素娥譯	130元
④使妳更迷人	成　玉譯	130元
⑤女性的更年期	官舒妍編譯	160元
⑥胎內育兒法	李玉瓊編譯	150元
⑦早產兒袋鼠式護理	唐岱蘭譯	200元
⑧初次懷孕與生產	婦幼天地編譯組	180元
⑨初次育兒12個月	婦幼天地編譯組	180元
⑩斷乳食與幼兒食	婦幼天地編譯組	180元
⑪培養幼兒能力與性向	婦幼天地編譯組	180元
⑫培養幼兒創造力的玩具與遊戲	婦幼天地編譯組	180元
⑬幼兒的症狀與疾病	婦幼天地編譯組	180元
⑭腿部苗條健美法	婦幼天地編譯組	180元
⑮女性腰痛別忽視	婦幼天地編譯組	150元
⑯舒展身心體操術	李玉瓊編譯	130元
⑰三分鐘臉部體操	趙薇妮著	160元
⑱生動的笑容表情術	趙薇妮著	160元
⑲心曠神怡減肥法	川津祐介著	130元
⑳內衣使妳更美麗	陳玄茹譯	130元
㉑瑜伽美姿美容	黃靜香編著	180元
㉒高雅女性裝扮學	陳珮玲譯	180元
㉓蠶糞肌膚美顏法	坂梨秀子著	160元
㉔認識妳的身體	李玉瓊譯	160元
㉕產後恢復苗條體態	居理安・芙萊喬著	200元
㉖正確護髮美容法	山崎伊久江著	180元
㉗安琪拉美姿養生學	安琪拉蘭斯博瑞著	180元
㉘女體性醫學剖析	增田豐著	220元
㉙懷孕與生產剖析	岡部綾子著	180元
㉚斷奶後的健康育兒	東城百合子著	220元
㉛引出孩子幹勁的責罵藝術	多湖輝著	170元

國家圖書館出版品預行編目資料

小動物養育技巧／三上昇著，杜秀卿譯
——初版——臺北市，大展，民86
面；　公分——（休閒娛樂；6）
譯自：上手に育てる小動物
ISBN 957-557-783-3（平裝）

1. 動物——飼養

437.1　　86014718

JOUZU NI SODATERU SYOUDOUBUTSU

Originally published in Japan by IKEDA SHOTEN PUBLISHING CO., LTD
in 1995 Chinese translation rights arranged through
KEIO CULTURAL ENTERPRISE CO., LTD in 1996

版權仲介：京王文化事業有限公司

小動物養育技巧　ISBN 957-557-783-3

原著者／三　上　昇
編譯者／杜　秀　卿
發行人／蔡　森　明
出版者／大展出版社有限公司
社　址／台北市北投區（石牌）致遠一路二段12巷1號
電　話／(02) 28236031・28236033
傳　眞／(02) 28272069
郵政劃撥／0166955－1
登記證／局版臺業字第2171號
承印者／國順圖書印刷公司
裝　訂／嶸興裝訂有限公司
排版者／千兵企業有限公司
電　話／(02) 28812643
初版1刷／1997年（民86年）12月

定　價／300元